智能制造系列教材

优化设计

OPTIMIZATION DESIGN

高亮 李玉良 邱浩波 肖蜜 李好 编著

清华大学出版社

北京

图书在版编目(CIP)数据

优化设计/高亮等编著.—北京：清华大学出版社，2023.4
智能制造系列教材
ISBN 978-7-302-62984-9

Ⅰ．①优…　Ⅱ．①高…　Ⅲ．①智能制造系统－最优设计－高等学校－教材　Ⅳ．①TH166

中国国家版本馆 CIP 数据核字(2023)第 039713 号

责任编辑：刘　杨
封面设计：李召霞
责任校对：赵丽敏
责任印制：刘海龙

出版发行：清华大学出版社
　　　　网　　　址：http://www.tup.com.cn，http://www.wqbook.com
　　　　地　　　址：北京清华大学学研大厦 A 座　　　邮　　编：100084
　　　　社 总 机：010-83470000　　　　　　　　　邮　　购：010-62786544
　　　　投稿与读者服务：010-62776969，c-service@tup.tsinghua.edu.cn
　　　　质量反馈：010-62772015，zhiliang@tup.tsinghua.edu.cn
印 装 者：大厂回族自治县彩虹印刷有限公司
经　　销：全国新华书店
开　　本：170mm×240mm　　印　张：7　　　　字　　数：138 千字
版　　次：2023 年 6 月第 1 版　　　　　　　印　　次：2023 年 6 月第 1 次印刷
定　　价：25.00 元

产品编号：088942-01

智能制造系列教材编审委员会

主任委员

　　李培根　　雒建斌

副主任委员

　　吴玉厚　吴　波　赵海燕

编审委员会委员（按姓氏首字母排列）

秘书

　　刘　杨

多年前人们就感叹，人类已进入互联网时代；近些年人们又惊叹，社会步入物联网时代。牛津大学教授舍恩伯格（Viktor Mayer-Schönberger）心目中大数据时代最大的转变，就是放弃对因果关系的渴求，转而关注相关关系。人工智能则像一个幽灵徘徊在各个领域，兴奋、疑惑、不安等情绪分别蔓延在不同的业界人士中间。今天，5G 的出现使得作为整个社会神经系统的互联网和物联网更加敏捷，使得宛如社会血液的数据更富有生命力，自然也使得人工智能未来能在某些局部领域扮演超级脑力的作用。于是，人们惊呼数字经济的来临，憧憬智慧城市、智慧社会的到来，人们还想象着虚拟世界与现实世界、数字世界与物理世界的融合。这真是一个令人咋舌的时代！

但如果真以为未来经济就"数字"了，以为传统工业就"夕阳"了，那可以说我们就真正迷失在"数字"里了。人类的生命及其社会活动更多地依赖物质需求，除非未来人类生命形态真的变成"数字生命"了，不用说维系生命的食物之类的物质，就连"互联""数据""智能"等这些满足人类高级需求的功能也得依赖物理装备。所以，人类最基本的活动便是把物质变成有用的东西——制造！无论是互联网、物联网、大数据、人工智能，还是数字经济、数字社会，都应该落脚在制造上，而且制造是其应用的最大领域。

前些年，我国把智能制造作为制造强国战略的主攻方向，即便从世界上看，也是有先见之明的。在强国战略的推动下，少数推行智能制造的企业取得了明显效益，更多企业对智能制造的需求日盛。在这样的背景下，很多学校成立了智能制造等新专业（其中有教育部的推动作用）。尽管一窝蜂地开办智能制造专业未必是一个好现象，但智能制造的相关教材对于高等院校与制造关联的专业（如机械、材料、能源动力、工业工程、计算机、控制、管理……）都是刚性需求，只是侧重点不一。

教育部高等学校机械类专业教学指导委员会（以下简称"机械教指委"）不失时机地发起编著这套智能制造系列教材。在机械教指委的推动和清华大学出版社的组织下，系列教材编委会认真思考，在 2020 年新型冠状病毒感染疫情正盛之时进行视频讨论，其后教材的编写和出版工作有序进行。

编写本系列教材的目的是为智能制造专业以及与制造相关的专业提供有关智能制造的学习教材，当然教材也可以作为企业相关的工程师和管理人员学习和培训之用。系列教材包括主干教材和模块单元教材,可满足智能制造相关专业的基础课和专业课的需求。

主干教材,即《智能制造概论》《智能制造装备基础》《工业互联网基础》《数据技术基础》《制造智能技术基础》,可以使学生或工程师对智能制造有基本的认识。其中,《智能制造概论》教材给读者一个智能制造的概貌,不仅概述智能制造系统的构成,而且还详细介绍智能制造的理念、意识和思维,有利于读者领悟智能制造的真谛。其他几本教材分别论及智能制造系统的"躯干""神经""血液""大脑"。对于智能制造专业的学生而言,应该尽可能必修主干课程。如此配置的主干课程教材应该是本系列教材的特点之一。

本系列教材的特点之二是配合"微课程"设计了模块单元教材。智能制造的知识体系极为庞杂,几乎所有的数字-智能技术和制造领域的新技术都和智能制造有关,不仅涉及人工智能、大数据、物联网、5G、VR/AR、机器人、增材制造(3D 打印)等热门技术,而且像区块链、边缘计算、知识工程、数字孪生等前沿技术都有相应的模块单元介绍。本系列教材中的模块单元差不多成了智能制造的知识百科。学校可以基于模块单元教材开出微课程(1 学分),供学生选修。

本系列教材的特点之三是模块单元教材可以根据各所学校或者专业的需要拼合成不同的课程教材,列举如下。

♯课程例 1——"智能产品开发"(3 学分),内容选自模块:
➢ 优化设计
➢ 智能工艺设计
➢ 绿色设计
➢ 可重用设计
➢ 多领域物理建模
➢ 知识工程
➢ 群体智能
➢ 工业互联网平台

♯课程例 2——"服务制造"(3 学分),内容选自模块:
➢ 传感与测量技术
➢ 工业物联网
➢ 移动通信
➢ 大数据基础
➢ 工业互联网平台
➢ 智能运维与健康管理

♯课程例 3——"智能车间与工厂"(3 学分),内容选自模块:
➢ 智能工艺设计
➢ 智能装配工艺

- 传感与测量技术
- 智能数控
- 工业机器人
- 协作机器人
- 智能调度
- 制造执行系统（MES）
- 制造质量控制

总之，模块单元教材可以组成诸多可能的课程教材，还有如"机器人及智能制造应用""大批量定制生产"等。

此外，编委会还强调应突出知识的节点及其关联，这也是此系列教材的特点。关联不仅体现在某一课程的知识节点之间，也表现在不同课程的知识节点之间。这对于读者掌握知识要点且从整体联系上把握智能制造无疑是非常重要的。

本系列教材的编著者多为中青年教授，教材内容体现了他们对前沿技术的敏感和在一线的研发实践的经验。无论在与部分作者交流讨论的过程中，还是通过对部分文稿的浏览，笔者都感受到他们较好的理论功底和工程能力。感谢他们对这套系列教材的贡献。

衷心感谢机械教指委和清华大学出版社对此系列教材编写工作的组织和指导。感谢庄红权先生和张秋玲女士，他们卓越的组织能力、在教材出版方面的经验、对智能制造的敏锐性是这套系列教材得以顺利出版的最重要因素。

希望本系列教材在推进智能制造的过程中能够发挥"系列"的作用！

2021 年 1 月

　　制造业是立国之本,是打造国家竞争能力和竞争优势的主要支撑,历来受到各国政府的高度重视。而新一代人工智能与先进制造深度融合形成的智能制造技术,正在成为新一轮工业革命的核心驱动力。为抢占国际竞争的制高点,在全球产业链和价值链中占据有利位置,世界各国纷纷将智能制造的发展上升为国家战略,全球新一轮工业升级和竞争就此拉开序幕。

　　近年来,美国、德国、日本等制造强国纷纷提出新的国家制造业发展计划。无论是美国的"工业互联网"、德国的"工业 4.0",还是日本的"智能制造系统",都是根据各自国情为本国工业制定的系统性规划。作为世界制造大国,我国也把智能制造作为推进制造强国战略的主攻方向,并于 2015 年发布了《中国制造 2025》。《中国制造 2025》是我国全面推进建设制造强国的引领性文件,也是我国实施制造强国战略的第一个十年的行动纲领。推进建设制造强国,加快发展先进制造业,促进产业迈向全球价值链中高端,培育若干世界级先进制造业集群,已经成为全国上下的广泛共识。可以预见,随着智能制造在全球范围内的孕育兴起,全球产业分工格局将受到新的洗礼和重塑,中国制造业也将迎来千载难逢的历史性机遇。

　　无论是开拓智能制造领域的科技创新,还是推动智能制造产业的持续发展,都需要高素质人才作为保障,创新人才是支撑智能制造技术发展的第一资源。高等工程教育如何在这场技术变革乃至工业革命中履行新的使命和担当,为我国制造企业转型升级培养一大批高素质专门人才,是摆在我们面前的一项重大任务和课题。我们高兴地看到,我国智能制造工程人才培养日益受到高度重视,各高校都纷纷把智能制造工程教育作为制造工程乃至机械工程教育创新发展的突破口,全面更新教育教学观念,深化知识体系和教学内容改革,推动教学方法创新,我国智能制造工程教育正在步入一个新的发展时期。

　　当今世界正处于以数字化、网络化、智能化为主要特征的第四次工业革命的起点,正面临百年未有之大变局。工程教育需要适应科技、产业和社会快速发展的步伐,需要有新的思维、理解和变革。新一代智能技术的发展和全球产业分工合作的新变化,必将影响几乎所有学科领域的研究工作、技术解决方案和模式创新。人工智能与学科专业的深度融合、跨学科网络以及合作模式的扁平化,甚至可能会消除某些工程领域学科专业的划分。科学、技术、经济和社会文化的深度交融,使人们可以充分使用便捷的软件、工具、设备和系统,彻底改变或颠覆设计、制造、销售、服务和消费方式。因此,工程教育特别是机械工程教育应当更加具有前瞻性、创新性、开放性和多样性,应当更加注重与世界、社会和产业的联系,为服务我国新的"两步走"宏伟愿景做出更大贡献,为实现联合国可持续发展目标发挥关键性引领作用。

需要指出的是,关于智能制造工程人才培养模式和知识体系,社会和学界存在多种看法,许多高校都在进行积极探索,最终的共识将会在改革实践中逐步形成。我们认为,智能制造的主体是制造,赋能是靠智能,要借助数字化、网络化和智能化的力量,通过制造这一载体把物质转化成具有特定形态的产品(或服务),关键在于智能技术与制造技术的深度融合。正如李培根院士在丛书序1中所强调的,对于智能制造而言,"无论是互联网、物联网、大数据、人工智能,还是数字经济、数字社会,都应该落脚在制造上"。

经过前期大量的准备工作,经李培根院士倡议,教育部高等学校机械类专业教学指导委员会(以下简称"机械教指委")课程建设与师资培训工作组联合清华大学出版社,策划和组织了这套面向智能制造工程教育及其他相关领域人才培养的本科教材。由李培根院士和雒建斌院士、部分机械教指委委员及主干教材主编,组成了智能制造系列教材编审委员会,协同推进系列教材的编写。

考虑到智能制造技术的特点、学科专业特色以及不同类别高校的培养需求,本套教材开创性地构建了一个"柔性"培养框架:在顶层架构上,采用"主干教材+模块单元教材"的方式,既强调了智能制造工程人才必须掌握的核心内容(以主干教材的形式呈现),又给不同高校最大程度的灵活选用空间(不同模块教材可以组合);在内容安排上,注重培养学生有关智能制造的理念、能力和思维方式,不局限于技术细节的讲述和理论知识的推导;在出版形式上,采用"纸质内容+数字内容"的方式,"数字内容"通过纸质图书中列出的二维码予以链接,扩充和强化纸质图书中的内容,给读者提供更多的知识和选择。同时,在机械教指委课程建设与师资培训工作组的指导下,本系列书编审委员会具体实施了新工科研究与实践项目,梳理了智能制造方向的知识体系和课程设计,作为规划设计整套系列教材的基础。

本系列教材凝聚了李培根院士、雒建斌院士以及所有作者的心血和智慧,是我国智能制造工程本科教育知识体系的一次系统梳理和全面总结,我谨代表机械教指委向他们致以崇高的敬意!

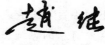

2021 年 3 月

前言

PREFACE

　　本书是"智能制造系列教材"之一,由优化设计简介、优化设计算法、方案优化设计、拓扑优化设计、代理模型优化设计、多学科优化设计、可靠性优化设计和稳健优化设计8章组成,其内容面向智能制造工程专业本科生教学基本要求。

　　在科学技术和工程应用中,优化设计的思想已被广泛应用于各类工业产品设计、软件开发、装备研发、航空航天等领域,所产生的价值也是众所周知的。计算机技术的高速发展和 UG、Creo、SolidWorks、CATIA、ANSYS、HyperWorks、ABAQUS 等众多 CAD/CAE 工业软件在设计领域的迅猛普及为优化设计提供了更为广阔的发展空间和应用前景。本书的内容取舍力求理论框架简明清晰,适合优化设计方向本科生的学习需要,深浅适度,难度适中。

　　本书是华中科技大学机械科学与工程学院、东华大学机械工程学院相关团队的全体师生长期研究实践的结晶。其中,第1章由高亮编写,第2、3章由李玉良编写,第4章由李好编写,第5、6、8章由肖蜜编写,第7章由邱浩波编写。本书的编写不仅得到了华中科技大学研究生院的支持,还得到了华中科技大学机械科学与工程学院全体师生的关心和协助,在此表示衷心的感谢。作者对清华大学出版社和本书编辑所做的工作表示感谢。

　　本书内容虽经多次讨论研究,随着科学技术的发展和理论研究的进步仍然需要不断地完善,其中的问题和不足,敬请同行和读者不吝指正。

作　者

2022 年 5 月于华中科技大学

目 录
CONTENTS

第1章

优化设计简介

1.1 优化与设计

1.1.1 优化

古之工匠历来有对作品不断打磨追求完美的精神,于是在这一精益求精的过程中便有了"优化"的概念。"优化"一词本意是指采取一定的措施使作品变得优异,这里的"措施"通常代表对事物的取舍,正如工匠在雕琢璞玉时需对玉石不断打磨、凿刻以取其精华去其糟粕,使之趋于完美的过程。现今"优化"一词多表示为了在某方面更优秀而放弃其他不太重要的方面。随着时代的进步,优化的理念和思想已经贯彻于当今社会的各行各业中,其中在制造业的产品设计领域最具代表性。

1.1.2 设计

"设计"是指把一种设想经过合理的规划、周密的计划,再通过各种方式表达出来的过程。人类通过劳动改造世界,创造文明,创造物质财富和精神财富,而最基础、最主要的创造活动是造物。设计便是对造物活动进行预先计划,可以把任何造物活动的计划技术和计划过程理解为设计。"设计"的种类相当广泛,在许多领域有应用,如商业设计、服务设计、工业设计、软件设计、传达设计、形象设计、机械设计、城市设计等。"设计"的方法也因其应用领域的不同而多种多样,本书主要介绍的是工业产品的设计。

早期人类的设计过程主要通过手绘图纸及符号文字等来传达设计意图。但随着 20 世纪计算机科学技术的快速发展,现如今的设计过程早已告别了耗时耗力、复杂烦琐的人力设计流程,取而代之的是各式各样可满足各个应用领域设计标准的计算机软件,如 Auto CAD、3Ds Max、CAXA、SolidWorks、Pro/E 等。这类设计软件的产生和崛起大大加速了人类社会各类生活生产工具的设计流程和更新速度。

1.2 优化设计及其发展

1.2.1 优化设计

优化的概念最早就是伴随着设计过程产生的,优化设计就是一种对设计过程进一步提炼改进的方法,从多种设计方案中选择最佳方案以获得更完美的设计结果。通常设计方案可以用一组参数来表示,这些参数有些已经给定,有些没有给定,需要在设计中优选,称为设计变量。如何找到一组最合适的设计变量,使之在允许的范围内使所设计的产品结构最合理、性能最好、质量最轻、成本最低,同时设计的时间又不太长,这就是优化设计所要解决的问题。

随着基础科学的发展和计算机技术的进步,现如今的优化设计方法有着更严谨的理论基础和更高的设计效率。它以数学中的最优化理论为基础,以计算机为手段,根据设计所追求的性能目标建立目标函数,在满足给定的各种约束条件下,寻求最优的设计方案。

通常一个完整的优化设计过程包括以下步骤:

(1) 建立优化设计问题的数学模型。优化设计问题通常来自人类生活和生产实践中的某个过程或某个实践对象,通过研究与该过程或该对象相关的系统组成要素及各组成要素之间的客观联系可以构建起对应的物理模型,而后再将该物理模型用数学语言表达并定义优化目标和相关约束,即可得到该优化设计问题的数学模型。

(2) 选择最优化算法。最优化算法是指解决最优化问题的数值计算方法,它主要运用数学方法研究各种系统的优化方案,为优化设计问题的求解提供途径。该过程不存在通用有效的普适性算法,需要根据优化问题的数学模型特征选择合适的求解算法,常用的最优化算法有逐步逼近法、线性规划方法、非线性规划方法等。

(3) 程序设计。随着计算机技术的高速发展,如今优化设计问题都通过计算机程序进行实际求解。该过程将根据前期构建的优化设计问题的数学模型和所选择的最优化算法设计程序执行步骤并编写对应的程序代码。

(4) 利用计算机程序筛选最优设计方案并输出设计结果。该过程将在计算机内通过简单的二进制运算自动完成。随着现代计算机计算能力的不断提升,优化设计问题的求解速度越来越快。

1.2.2 优化设计发展简史

优化设计的思想由来已久,但最早形成一套完备的理论体系主要出现在工程结构设计领域。J.C.麦克斯韦于 1854 年、J.H.米歇尔于 1905 年就曾研究过在不加任何形状约束条件下桁架式结构的最优设计问题。他们的工作在理论上有一定的意义,但所得结果往往在工艺上无法实现。到 20 世纪 40 年代,在航空结构的构件设计中提出了所谓的"同步极限"准则,即认为一个构件的最优设计应使它在受力后各部分同时达到极限状态。求解方法一般采用经典的受等式约束的函数极小化理论,但是这种方法只能处理一些简单的问题,例如,处理形状简单的薄壁结构部件的优化问题。此外,还有学者曾提出满应力设计准则,即认为最优结构每个部件的应力应在至少一种工况下达到其容许限值。对于静定结构,满应力准则是不难实现的,但是对于静不定结构,满应力设计需要经过多次反复分析和修改才能完成,在还没有电子计算机的时代,这是很难实现的[1]。

　　第二次世界大战期间,美国在军事上首先应用了优化设计技术。20 世纪 60 年代初,出现了现代化的结构优化设计理论和方法,它是以利用电子计算机为基础的。1967 年,美国的 R. L. 福克斯等发表了第一篇机构最优化论文。1970 年,在 C. S. 贝特勒等用几何规划解决了液体动压轴承的优化设计问题后,优化设计在机械设计中得到了广泛应用和发展。随着数学理论和电子计算机技术的进一步发展,优化设计已逐步形成为一门新兴的独立的工程学科,并在生产实践中得到了广泛应用[1]。

1.3　优化设计的不足及发展趋势

1.3.1　优化设计的不足

　　尽管求解优化设计问题的算法很多,但仍可依据求解问题有无约束条件将优化算法分为无约束优化算法和约束优化算法两类。线性约束优化和无约束优化算法是求解非线性优化问题的基础。无约束优化算法主要包括坐标轮换法、梯度法(最速下降法)、牛顿法、共轭梯度法、Powell 法、变尺度法、单纯形法等。约束优化算法主要包括 Monte Carlo 法、随机方向搜索法、复合形法、可行方向法、广义简约梯度法、罚函数法、序列线性规划法、序列二次规划法、遗传算法等[2]。

　　在无约束优化算法中,各种优化方法各有优、缺点。坐标轮换法[3]具有不需要导数信息的优点,计算过程比较简单,程序实现也比较容易,但存在算法收敛速度较慢、计算效率低等缺点。坐标轮换法主要用来解决优化问题设计变量数目小于 10 的小规模无约束优化问题;另外,坐标轮换法还可解决目标函数的等值线为圆或平行于坐标轴的优化问题。与其他无约束优化算法相比,梯度法(最速下降法)[4,5]具有方法简单等优点,计算效率在最初几步迭代时较高,且对初始点不敏感,因而常与其他方法一起使用,但梯度法(最速下降法)需要目标函数的一阶导数信息。求解无约束优化问题的牛顿法对给定的初始点比较敏感。如果初始点选择的比较好,则其解的收敛过程会很快;如果初始点选择不当,则其解可能会出现不收敛的情况。另外,牛顿法存在计算过程复杂、计算量特别大等缺点,因此主要适合设计变量数目小的优化问题及目标函数阶次较低的优化问题。共轭梯度法具有收敛速度快等优点,其收敛速度远快于最速下降法。共轭梯度法计算简单,所需要的存储空间少,适合优化变量数目较多的中等规模优化问题(牛顿法一般用到二阶泰勒展开,更高阶导数运算会使得计算更加复杂等)。在无约束优化方法中,Powell法是计算效率比较高的优化算法之一,它不需要目标函数的导数,是求解中小规模优化问题的有效方法。变尺度法也是计算效率比较高的优化算法之一,可用来解决高阶目标函数的优化问题(通过不断修正矩阵的迭代过程,从而达到改变函数梯度尺度(即降阶的作用),但存在程序实现比较复杂、存储空间比较大等缺点。)单纯形法具有不需要目标函数导数信息、程序实现简单、计算效率比较高等优点。

求解约束优化问题的约束优化算法一般是以非常成熟的无约束优化算法、线性规划和二次规划类优化算法为基础发展起来的。一般可将无约束优化算法分为直接法和间接法两类。所谓的直接法就是在优化过程中直接考虑约束条件的优化方法,随机试验法、随机方向搜索法、复合形法都属于直接无约束优化算法。所谓的间接法就是在优化过程中将约束优化问题等效转化为无约束优化问题等相对简单的优化问题,在此基础上再对相对简单的优化问题进行求解。间接法包括如下三类优化方法:

(1) 以线性规划理论为基础,将原约束优化问题转化为线性规划类问题,采用线性规划类算法来求解,主要包括可行方向法、序列线性规划、简约梯度法等。

(2) 以无约束极值理论为基础,将原约束优化问题转化为无约束优化类问题,采用无约束优化算法来求解,主要包括内点罚函数法、外点罚函数法、混合罚函数法等。

(3) 以二次规划理论为基础,将原约束优化问题转化为二次规划类问题,采用二次规划类算法来求解,主要包括序列二次规划法等。

与无约束优化方法一样,各种约束优化方法也是特点各异:Monte Carlo法具有方法简单、不需要导数信息等优点,但存在求解高维优化问题时计算量大等不足;随机方向搜索法具有优化求解过程收敛快,但存在局部寻优的不足,因而在使用时需采用选择多个不同初始点的策略;复合形法具有程序实现简单等优点,但在解决设计变量和约束条件多的优化问题时优化效率比较低;可行方向法是解决约束优化问题的有效方法之一,适合求解中等规模的优化问题,但存在程序实现复杂等不足;广义简约梯度法具有算法收敛快、计算精度高等优点,但也存在程序实现复杂等不足;罚函数法包括内点法、外点法、混合法等,具有方法实现简单等优点,但存在优化过程不稳定、收敛速度较慢等缺点,适合解决中小规模的优化问题;序列线性规划法收敛较慢,只适用于非线性程度不是很强的优化问题;序列二次规划法是收敛速度较快、优化比较有效的方法之一,比较适合中等规模的优化问题；遗传算法具有通用性强、不需要导数信息、收敛较快等优点，是近十多年出现的比较有效的优化方法。

1.3.2　优化设计的发展趋势

随着数学理论的发展和计算机技术的不断增强，机械优化设计方法不断突破，设计思路不断开阔。当今的优化正逐步发展到多学科优化设计，结构拓扑优化、智能算法优化设计、结构动态性能优化设计、柔性机械优化、绿色优化、可靠性稳健设计、仿生学、遗传学算法的优化设计、人工智能优化等现代设计理论的引入，大大促进了优化设计方法的更新和完善。机械优化设计给机械工程界带来了巨大的经济效益，随着技术更新和产品竞争的加剧，优化设计的发展前景十分广阔。因此，在加强现代机械设计理论研究的同时，还要进一步加强最优设计数学模型的研究，以便在近代数学、力学和物理学的基础上，使其更能反映客观实际。机械优化设计的研究必须与工程实践、数学及力学理论、计算技术和电子计算机的应用等紧密联系起来，才能具有更广阔的发展前景。同时，在优化技术水平得到提高的同时，国内机械加工工艺水平、加工手段和制造技术也应同步提升才行，否则整体机械水平仍然停滞不前。这不仅要引进加工技术，更重要的是提升加工设备的性能，尤其是数控机床的加工水平。加强与技术发达国家的合作和交流，软、硬件技术共同提升，以期达到机械设计与加工一体化的目标。

参考文献

[1] GALLAGHER R H,ZIENKIEWICZ O C. Optimum Structural Design：Theory and Applications [M]. London：John Wiley & Sons,1973.

[2] 专祥涛. 最优化方法基础[M]. 武汉：武汉大学出版社,2018.

[3] 余俊,廖道训. 最优化方法及其应用[M]. 武汉：华中工学院出版社,1984.

[4] 李学文,闫桂峰,李庆娜. 最优化方法[M]. 北京：北京理工大学出版社,2018.

[5] 余航. 非线性方程组数值解法——梯度法研究[J]. 现代商业,2018,(11)：191-192.

第2章

优化设计算法

2.1 优化设计算法简介

在实际工作中,我们总会遇到以下类似的问题:工程设计参数如何保证在满足设计要求的同时兼顾生产成本;生产计划安排怎样能提高利润并保证产值;城建规划如何既便利群众又保证各行业发展等。类似的问题不胜枚举,它们的特点就是在众多方案中寻找一个满足各方面要求的最优方案,在解决此类问题的时候,建立模型是实现产品优化设计的前提,最优化模型是将实际的生产问题抽象为数学问题,最终可能是一个模型,也可能是多个模型,同时还需要建立模型的约束条件,即人们对目标的期望范围,在建立模型的时候需要尽可能贴近实际需求,一般情况下是将实际问题转化为求解数学模型的最值问题,这是解决优化问题的第一步,也是最重要的一步。

2.1.1 优化模型描述

所谓的优化模型就是对所研究的实际问题进行分析和实验,又以特定的目的为指导方向,建立的一组具有问题变化规律和反映数量关系的数学表达式。

优化模型通常具有三个要素:决策变量、目标函数和约束条件。

决策变量用以设定待定的参数。如果有 n 个变量,那么就表示为 $x_i, i = 1, 2, 3, \cdots, n$。其中用 $\boldsymbol{X}$ 表示由这些实数组成的具有一定排列顺序的数组,即

$$\boldsymbol{X} = [x_1, x_2, x_3, \cdots, x_n]^{\mathrm{T}} \tag{2-1}$$

并把这一数组看作一个 n 维(列)向量,x_i 则为 $\boldsymbol{X}$ 的第 i 个分量。n 维向量的全体称为 n 维向量空间。分量为实数的 n 维向量的全体称为 n 维实数空间,记为 $\mathbf{R}^n$。在设计模型的时候,没有严格的规则来选择决策变量,而是需要根据实际问题来决定决策变量。

目标函数是用以评价最终目标结果好坏的数学关系式,通常选择最重要的工作

特点来作为设计目标,同时目标函数中的决策变量要能够进行有效计算且有最优解。

约束条件是设计者对决策变量的限制性要求,是客观存在的物质条件限制。约束条件分为几何约束和性能约束,其中几何约束是决策变量的变化范围,而性能约束是基于特定性能需求所推导出的一类约束条件。

由优化模型的概念可以给出优化数学模型的一般形式:

$$\min f(\boldsymbol{x}), \boldsymbol{x} \in \mathbf{R}^n$$
$$\text{s. t.} \begin{cases} a_i(\boldsymbol{x}) = 0, & i \in A = \{1,2,3,\cdots,l\} \\ a_i(\boldsymbol{x}) > 0, & i \in B = \{l+1,\cdots,l+m\} \end{cases} \quad (2\text{-}2)$$

其中,$\boldsymbol{x} = [x_1, x_2, x_3, \cdots, x_n]^{\mathrm{T}}$ 称为决策变量;$f(\boldsymbol{x})$ 称为目标函数;后两个式子称为约束条件,前者为等式约束,后者为不等式约束,两种约束条件均存在时称为混合约束;min 和 s. t. 分别是英文单词 minimum(极小化)和 subject to(受限于)的缩写。通常以上所述的函数要求连续可微。

根据优化模型的三要素,我们对优化模型进行如下分类:

(1) 根据是否存在约束条件,分为无约束模型和有约束模型。

无约束模型即从各种方案中取得最适合该问题的解,它具有以下形式:

已知

$$\begin{cases} f(\boldsymbol{x}) = f(x_1, x_2, x_3, \cdots, x_n) \\ \boldsymbol{x} = (x_1, x_2, x_3, \cdots, x_n) \end{cases} \quad (2\text{-}3)$$

求解该函数的最小值。

以图 2-1 为例,在对定义域不做限制的情况下,求解函数 $f(x)$ 的最小值,显示出现一个全局最小及局部最小。而实际过程中由于是把问题抽象为凸函数形式,对于凸函数而言局部最小即为全局最小,又受限于算法本身,通常只能获取局部最小值作为最优解。

有约束模型即前文所述的等式约束、不等式约束及混合型约束。

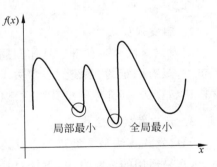

图 2-1　局部最优解

等式约束: $\begin{cases} \min f(\boldsymbol{x}) \\ \text{s. t.} \, h_i(\boldsymbol{x}) = 0, & i = 1,2,\cdots,l \end{cases}$ $\quad (2\text{-}4)$

不等式约束: $\begin{cases} \min f(\boldsymbol{x}) \\ \text{s. t.} \, g_j(\boldsymbol{x}) \geqslant 0, & j = 1,2,\cdots,m \end{cases}$ $\quad (2\text{-}5)$

混合约束: $\begin{cases} \min f(\boldsymbol{x}) \\ \text{s. t.} \, h_i(\boldsymbol{x}) = 0, & i = 1,2,\cdots,l \\ \quad\; g_j(\boldsymbol{x}) \geqslant 0, & j = 1,2,\cdots,m \end{cases}$ $\quad (2\text{-}6)$

（2）实际过程中在对目标函数进行最优解的数值求解过程中，决策变量一般会满足一定的约束条件。又以目标函数分类，可以分类为线性规划及非线性规划。

其中，线性规划需要 $f(x)$、$g(x)$、$h(x)$ 均为线性函数；如果 $f(x)$、$g(x)$、$h(x)$ 不全为线性函数时，则称为非线性规划。此外，如果 $f(x)$ 为二次函数，而 $g(x)$、$h(x)$ 均为线性函数时，则称为二次规划，也称为非线性规划。

（3）以决策变量的取值为分类依据，可以分为混合整数规划及 0-1 规划。

当决策变量 $x=[x_1,x_2,x_3,\cdots,x_n]^T$ 的部分分量被限制为整数时，其对应的优化模型称为混合整数规划；当 $x=[x_1,x_2,x_3,\cdots,x_n]^T$ 的各分量被限制为 0 和 1 时，那么对应的优化模型称为 0-1 规划。

2.1.2　优化设计算法分类

优化设计算法是专门用于求解优化模型的方法，这是优化算法与优化模型的本质区别。按照求解模型的策略大致可以分为以下几类：

1. 精确算法[1]

精确算法是指能够求解出最优解的算法，它包括线性规划、动态规划和分支定界法等运筹学中的传统算法。它解决实际问题的做法通常是，先快速求得一个可行解，再将其代入数学模型中，最终获得最优解。这种算法适用于规模小的问题，通常在实际工程中不实用。

2. 启发式算法[2]

启发式算法是一种基于具体问题的求解方法，它通过以往的经验及实验来分析求解，没有固定的、系统的步骤去求解，最终获得近似的局部解。启发式算法包含构造型算法、局部搜索型算法、松弛算法等。

3. 元启发式算法[3]

元启发式算法是一类基于启发式算法的改进方法，与启发式算法的不同之处在于，它是通用的策略方法，不针对具体问题，从而应用更广泛。元启发式算法会提出一些要求，然后使得启发式算法按照这些要求去实现。它包含模拟退火、遗传算法、蚁群算法、粒子群优化算法、人工鱼群算法等。

2.1.3　最优解的评定

不同的问题有不同的算法可供选择，某些特定的问题也有专门的算法，在建立模型时需要将计算误差和计算时间考虑在内。经确算法和启发式算法都是迭代算法，其中，经确算法是以一个可行解为初始值进行迭代，启发式算法等是以一组解为初始值；经确算法要用到导数及偏导数信息，启发式算法等只用到目标函数信息；经确算法计算量相对较小，启发式算法等适应性更强；经确算法一般只能进行局部深度搜索，启发式算法等可以进行广度搜索。

所有的算法都不是完美无瑕的，评价算法的好坏标准主要有：

（1）算法的收敛性及收敛速度。算法的收敛性表现于迭代计算产生的迭代点集的收敛性，如果算法产生的迭代点集收敛到最优解，但是速度太慢，在期望的时间内得不到满意的解也称不上好的算法，因此收敛性和收敛速度需要同时考虑。

（2）算法的时间复杂度。它是指算法解决问题的时间与问题规模之间的关系。当算法耗时不随问题规模的变化而变化时就可以称为优秀算法，通常时间复杂度与计算规模之间存在一定的关系式，即多项式的和非多项式的。非多项式的计算往往因耗时长而得不到最优解。

（3）算法的适用性。

（4）算法的解的质量等。

全局优化一般是 NP-complete 问题，不同的算法都有可能给出各自的最优解，不同的问题对各个标准的要求也不尽相同，需要根据实际问题和要求采用不同的算法。

2.2　线性规划方法

2.2.1　线性规划方法简介

线性规划是最优化方法中比较成熟的一支，它具有较为成熟的理论和算法，在实际问题中应用广泛，且对于某些非线性规划问题的解法可起到间接的作用。该方法于 1939 年由苏联数学家康托洛维奇首先提出，再于 1947 年由美国数学家丹齐克提出其单纯形方法，并由查恩斯等补充完善，使得线性规划在生产计划、运输及军事等上得到广泛应用。

线性规划数学模型的一般形式为

$$\begin{cases} \max/\min z = a_1 x_1 + a_2 x_2 + \cdots + a_n x_n \\ \text{s. t. } b_{11} x_1 + b_{12} x_2 + \cdots + b_{1n} x_n \leqslant / = / \geqslant c_1 \\ b_{21} x_1 + b_{22} x_2 + \cdots + b_{2n} x_n \leqslant / = / \geqslant c_2 \\ \vdots \\ b_{m1} x_1 + b_{m2} x_2 + \cdots + b_{mn} x_n \leqslant / = / \geqslant c_m \end{cases} \quad (2\text{-}7)$$

其中，$x_1, x_2, x_3, \cdots, x_n$ 为决策变量；$a_1, \cdots, b_1, \cdots, c_1, \cdots, c_m$ 等为系数。满足约束条件的一组决策变量的值称为一个可行解；线性规划所有可行解的集合称为可行解集或可行域；使得目标函数取得最大或最小值的可行解称为最优解。

式(2-7)可以用矩阵表示为

$$\begin{cases} \min f(\boldsymbol{X}) = \boldsymbol{A}^{\mathrm{T}}\boldsymbol{X} \\ \mathrm{s.\,t.}\ \ \boldsymbol{B}\boldsymbol{X} \leqslant \boldsymbol{C} \\ \qquad \boldsymbol{X} \geqslant \boldsymbol{0} \end{cases} \tag{2-8}$$

其中

$$\begin{cases} \boldsymbol{A} = [a_1, a_2, \cdots, a_n]^{\mathrm{T}} \\ \boldsymbol{X} = [x_1, x_2, \cdots, x_n]^{\mathrm{T}} \\ \boldsymbol{B} = \begin{bmatrix} b_{11} & b_{12} & \cdots & b_{1n} \\ b_{21} & b_{22} & \cdots & b_{2n} \\ \vdots & \vdots & & \vdots \\ b_{m1} & b_{m2} & \cdots & b_{mn} \end{bmatrix} \\ \boldsymbol{C} = [c_1, c_2, \cdots, c_m]^{\mathrm{T}} \end{cases} \tag{2-9}$$

其中，$\boldsymbol{A}$ 是 n 维的价值变量 $[a_1, a_2, \cdots, a_n]^{\mathrm{T}}$，$\boldsymbol{X}$ 是 n 维决策变量 $[x_1, x_2, \cdots, x_n]^{\mathrm{T}}$，$\boldsymbol{B}$ 是 $m \times n$ 的约束系数矩阵 $\begin{bmatrix} b_{11} & \cdots & b_{1n} \\ \vdots & & \vdots \\ b_{m1} & \cdots & b_{mn} \end{bmatrix}$，$\boldsymbol{C}$ 是 m 维的需求向量 $[c_1, c_2, \cdots, c_m]^{\mathrm{T}}$，且 $\boldsymbol{C} \geqslant \boldsymbol{0}$，$\boldsymbol{D}$ 为线性规划问题的基矩阵，而其包含的向量为基向量(其对应的变量称为基变量)，其余的非基向量(对应为非基变量)。

我们取定基矩阵 $\boldsymbol{D}$，又令非基变量为 0，可以获得约束条件的解为 $\boldsymbol{x} = [x_1, x_2, \cdots, x_n]^{\mathrm{T}}$，这种方法得到的解为与基矩阵对应的基本可行解。

线性规划问题还需要满足以下 4 个特征：

(1) 需要由一组决策变量来表达一个方案，且变量的取值通常为非负值。

(2) 这组决策变量可以表示为具有线性函数形式的目标函数。

(3) 存在若干约束条件，且其需要由线性表达式组成。

(4) 目标函数能够实现极大化或极小化。

在求解简单的两个变量的一般线性规划问题时，我们可以使用直观的图解法，但是在求解超过三个变量时就很难使用图解法。美国数学家丹齐克于 1947 年最早提出了一种巧妙的方法来解决这个问题，他采用方程组的解与集合中的点的对应关系来处理多维问题。这就需要将不等式统一处理为等式约束方程组，也就是目标函数为极小、所有变量都是非负变量、所有约束右端均为正，这种统一的方程组称为线性规划数学模型中的标准型。它具有以下形式：

$$\begin{cases} \min f(\boldsymbol{x}) = a_1 x_1 + a_2 x_2 + \cdots + a_n x_n \\ \mathrm{s.\,t.}\ \ b_{1n} x_1 + b_{12} x_2 + \cdots + b_{1n} x_n = c_1 \\ \qquad b_{21} x_1 + b_{22} x_2 + \cdots + b_{2n} x_n = c_2 \\ \qquad \vdots \\ \qquad b_{m1} x_1 + b_{m2} x_2 + \cdots + b_{mn} x_n = c_m \\ \qquad x_1, x_2, \cdots, x_n \geqslant 0 \end{cases} \tag{2-10}$$

其简写形式为

$$
\begin{cases}
\min f(\boldsymbol{x}) = \displaystyle\sum_{j=1}^{n} a_j x_j \\
\text{s. t.} \ \displaystyle\sum_{j=1}^{n} b_{ij} x_j = c_i, \quad i = 1, 2, \cdots, m \\
\quad x_j \geqslant 0, \qquad j = 1, 2, \cdots, n
\end{cases}
\tag{2-11}
$$

向量或矩阵形式为

$$
\begin{cases}
\min f(\boldsymbol{x}) = \boldsymbol{a}^{\mathrm{T}} \boldsymbol{x} \\
\text{s. t.} \ \displaystyle\sum_{j=1}^{n} \boldsymbol{p}_j x_j = \boldsymbol{c} \\
\quad x_j \geqslant 0, \quad j = 1, 2, \cdots, n
\end{cases}
\tag{2-12}
$$

或

$$
\begin{cases}
\min f(\boldsymbol{x}) = \boldsymbol{a}^{\mathrm{T}} \boldsymbol{x} \\
\text{s. t.} \ \displaystyle\sum_{j=1}^{n} \boldsymbol{A} \boldsymbol{x} = \boldsymbol{c} \\
\quad \boldsymbol{x} \geqslant \boldsymbol{0}
\end{cases}
\tag{2-13}
$$

其中

$$
\begin{cases}
\boldsymbol{c} = \begin{bmatrix} c_1 \\ c_2 \\ \vdots \\ c_n \end{bmatrix} \\[2em]
\boldsymbol{x} = \begin{bmatrix} x_1 \\ x_2 \\ \vdots \\ x_n \end{bmatrix} \\[2em]
\boldsymbol{p}_j = \begin{bmatrix} a_{1j} \\ a_{2j} \\ \vdots \\ a_{mj} \end{bmatrix} \\[2em]
\boldsymbol{A} = (\boldsymbol{p}_1, \boldsymbol{p}_2, \cdots, \boldsymbol{p}_n) = \begin{bmatrix} a_{11} & a_{12} & \cdots & a_{1n} \\ a_{21} & a_{22} & \cdots & a_{2n} \\ \vdots & \vdots & & \vdots \\ a_{m1} & a_{m2} & \cdots & a_{mn} \end{bmatrix}
\end{cases}
\tag{2-14}
$$

　　若要把非标准型的线性规划问题转换为标准型,可以采用以下方法:

（1）如果是为求最大值，即 $\max f(\boldsymbol{x})=\boldsymbol{a}^{\mathrm{T}}\boldsymbol{x}$，则采用 $f(\boldsymbol{x})=-f(\boldsymbol{x}')$。

（2）如果约束为不等式，即 $\sum_{j=1}^{n}b_{ij}x_j\leqslant c_i$，则在约束条件左边增加松弛变量 $x_{n+i}\geqslant 0$，将约束不等式化为等式约束：

$$\sum_{j=1}^{n}b_{ij}x_j+x_{n+i}=c_i \tag{2-15}$$

（3）如果约束为不等式，即 $\sum_{j=1}^{n}b_{ij}x_j\geqslant c_i$，则在约束条件左边减去剩余变量 $x_{n+i}\geqslant 0$，将约束不等式化为等式约束：

$$\sum_{j=1}^{n}b_{ij}x_j-x_{n+i}=c_i \tag{2-16}$$

（4）如果第 k 个等式约束 $c_k<0$，则用 -1 乘以等式两端。

（5）如果 x_L 无限制，x_L 为自由变量，则引进非负变量 $x_{L'}\geqslant 0$，再令 $X_L=x_{L'}$。

一般情况下，线性规划问题具有无穷多个可行解，而最优解可以由以下定理得知它在基本可行解中：

定理 2.2.1 线性规划问题的可行解 $\boldsymbol{x}$ 为基本可行解的充要条件，$\boldsymbol{x}$ 的正分量对应的系数矩阵是线性无关的。

定理 2.2.2 如果线性规划问题存在可行解，那么它一定存在基本可行解。

定理 2.2.3 如果 $\boldsymbol{x}$ 为标准线性规划问题的可行解，那么 $\boldsymbol{x}$ 为基本可行解的充要条件是 $\boldsymbol{x}$ 为可行域的极点。

定理 2.2.4 如果线性规划问题存在最优解，那么线性规划问题的最优解一定在基本可行解上。

2.2.2 单纯形法

单纯形法是求解线性规划问题最直接有效的一种算法，其理论依据是线性规划问题的可行域是多维空间的多面凸集，其可能存在的最优值必然在其某个顶点处[5]。

单纯形法的基本思想是先找出可行域的一个顶点，判断其是否为最优解；假如不是，则按照一定的规则转到邻近的一个顶点，并使目标函数值不断优化；持续下去，直至找到最优解或者判定无解为止。

假定 $\boldsymbol{B}$ 是线性规划问题的一个可行解，基于线性规划问题

$$\begin{cases}\min f(\boldsymbol{x})=\boldsymbol{a}^{\mathrm{T}}\boldsymbol{x}\\ \text{s. t. } \boldsymbol{A}\boldsymbol{x}=\boldsymbol{b}\\ \qquad \boldsymbol{x}\geqslant \boldsymbol{0}\end{cases} \tag{2-17}$$

其中

$$A = (C, N), \quad x = \begin{bmatrix} x_C \\ x_N \end{bmatrix}, \quad a = \begin{bmatrix} a_C \\ a_N \end{bmatrix} \tag{2-18}$$

约束方程组 $Ax = c$ 可以写成：

$$Cx_C + Nx_N = c \tag{2-19}$$

变形为：

$$x_C = C^{-1}b - C^{-1}Nx_N \tag{2-20}$$

令所有非基变量 $x_N = 0$，则基变量 $x_C = C^{-1}b$，由此可以得到初始的基本可行解为

$$X = \begin{pmatrix} C^{-1}b \\ 0 \end{pmatrix} \tag{2-21}$$

下面判定线性规划问题的基本可行解是否为最优解：假定已经求得的一个基本可行解 $X = \begin{pmatrix} C^{-1}b \\ 0 \end{pmatrix}$，并代入目标

$$f(x) = a^T x = a_C^T x_c + a_N^T x_N = a_C^T C^{-1}b - (a_C^T C^{-1}N - a_N^T)x_N \tag{2-22}$$

又令

$$f(x_0) = a_C^T C^{-1}b = a_1 d_1 + \cdots + a_m d_m$$

$$b_0 = [b_1, \cdots, b_m]^T = C^{-1}b$$

$$e_i^0 = [e_{1i}^0, \cdots, e_{mi}^0]^T = C^{-1}e_i$$

$$r^T = [r_C^T, r_N^T] = a_C^T C^{-1}A - a^T$$

则有

$$r_C^T = 0, \quad r_N^T = a_C^T C^{-1}N - a^T$$

$$\theta_N^T = a_C^T C^{-1}N - a_N^T = (\theta_{m+1}, \cdots, \theta_n)^T$$

则，

$$\theta_i = a_C^T C^{-1}e_i - a_i = a_C^T e_i^0 - a_i, \quad i = 1, 2, \cdots, n \tag{2-23}$$

则线性规划问题可以转化为以下等价形式：

$$\min f(x) = f(x_0) - \theta_N^T x_N$$

$$\text{s. t. } x_C + C^{-1}Nx_N = C^{-1}c$$

$$x \geqslant 0 \tag{2-24}$$

利用以上推导可以得到基本可行解是否为最优解的判定定理：

定理 2.2.5　最优解判定定理：对于线性规划问题 $\min f(x) = a^T x$，$E = \{x \in \mathbf{R}^n \mid Ax = c, x \geqslant 0\}$，如果当前基本可行解 $X = \begin{pmatrix} C^{-1}c \\ 0 \end{pmatrix}$ 所对应的检验向量 $\sigma_N = a_N^T - a_C^T C^{-1}N$，则这个基本可行解为最优解。

定理 2.2.6　无穷多最优解判定定理：假定 $X = \begin{pmatrix} C^{-1}b \\ 0 \end{pmatrix}$ 是一个基本可行解，

又 x 对应的检验向量 $\boldsymbol{\sigma}_N = a_N^{\mathrm{T}} - a_C^{\mathrm{T}} C^{-1} N \geqslant 0$,且存在一个检验数 $\sigma_{m+k} = 0$,则线性规划问题中有无穷多个最优解。

定理 2.2.7 无最优解判定定理：假定 $X = \begin{pmatrix} C^{-1}b \\ 0 \end{pmatrix}$ 是一个基本可行解,又 $\sigma_{m+k} < 0$,且 $C^{-1} p_{m+k} \leqslant 0$,则该线性规划问题无最优解。

证明：在 $x = \begin{pmatrix} C^{-1}b \\ 0 \end{pmatrix}$ 中令 $x_{m+k} = \theta \ (\theta > 0)$,则得到新的可行解,将此解代入约束条件可得,$x_C = C^{-1}b - C^{-1} p_{m+k} x_{m+k} = C^{-1}b - C^{-1} p_{m+k}\theta$,可以看出,无论是 $x_{m+k} = \theta$ 如何取值,$x = (x_C, x_N)$ 均为可行解,其中 x_N 中的 $x_{m+k} = \theta$,其余分量为 0,将期待如目标函数可得,

$$f(x) = a_C^{\mathrm{T}} C^{-1} b + (\tau_{m+1}, \cdots, \tau_{m+k}, \cdots, \tau_n) \begin{pmatrix} x_{m+1} \\ \vdots \\ \theta \\ \vdots \\ x_m \end{pmatrix} = a_C^{\mathrm{T}} C^{-1} b + \tau_{m+k}\theta$$

因为 $\tau_{m+k} < 0$,所以 $\theta \to +\infty$ 时,$f(x) \to -\infty$,所以线性规划无最优解,即无界。

2.2.3 其他算法简介

一般对于变量为两个的线性规划问题,图解法直观性强、计算方便。它的解题步骤是通过建立坐标系,把约束条件标在图上,并确定约束条件内解的范围,接着绘制出目标函数的图形,最后确定最优解。

以上提到的图解法中,如果约束条件均为"$\leqslant$",则需要在每个不等式左端加入一个松弛变量将其转换为标准型,使得约束方程组的系数矩阵只包含一个单位矩阵。以单位矩阵为初始基矩阵能够使求解变得方便,但是当约束条件均为等式时,且系数矩阵内不含单位矩阵,我们常增加人工变量来人为构成一个单位矩阵,这就是人工变量法。

2.3 非线性规划方法

2.3.1 非线性规划方法简介

线性规划问题一般形式中的目标函数及约束条件均为线性关系,如果目标函数或者约束条件有一个是非线性的,那么这就是非线性规划问题。非线性规划是20世纪50年代才兴起的一门学科,最具代表性的是库恩-塔克基于线性规划解法

中的单纯形法而提出的可分离规划和二次规划等多种非线性规划问题的解法[6]。

非线性规划问题的一般形式与线性规划类似：

$$\begin{cases} \min f(\boldsymbol{x}) \\ \text{s. t. } g_i(\boldsymbol{x}) \geqslant 0, \quad i=1,2,\cdots,m \\ \qquad h_j(\boldsymbol{x})=0, \quad j=1,2,\cdots,p \end{cases} \tag{2-25}$$

其中 $f(\boldsymbol{x})$、$g_i(\boldsymbol{x})$、$h_j(\boldsymbol{x})$ 不全为线性函数。

由于非线性规划问题考虑了很多因素的相互作用，没有像线性规划一样忽略二次以上的因素，对于事物本质的揭露更全面、更深入，也更加贴近实际，因而许多非线性规划问题比较复杂，也更重要。

求得非线性规划问题的全局最优解是非常困难的事情，因此我们通常求取其局部最优解，并利用目标函数及约束函数的信息值构建迭代型数值解法，即不断逼近近似解，直到不能再逼近为止，最后求得一阶和二阶的最优解条件。根据迭代过程中的策略，可以分为随机搜索型方法和确定型方法两种。随机搜索型方法通过利用随机搜索技术中的函数信息值来寻求最优解，而确定型方法又根据所使用的函数信息的方向分为直接搜索型方法和梯度型方法。

已知的最优化问题具有多种分类，它们的数学模型也有所不同。我们按照有无约束进行分类，可以将其分为无约束非线性规划及约束非线性规划问题。而对于无约束或是有约束的非线性规划问题，因现有算法具有各自特定的适用范围，存在局限性，难以确认全局最优解。

2.3.2　无约束非线性规划算法

无约束非线性规划问题的求解，即寻求 n 元函数在 n 维向量空间中的最优值。我们先给出简单的目标函数

$$\min f(\boldsymbol{x}), \quad \boldsymbol{x} \in \mathbf{R}^n \tag{2-26}$$

的最优解条件（其中，$f: \mathbf{R}^n \to \mathbf{R}$ 可微），也是求解非线性规划问题的基础方法。

定理 2.3.1　（一阶充分条件）如果在 $p \in \mathbf{R}^n$ 的情况下，$\nabla f(\bar{x})^{\mathrm{T}} p < 0$，则向量 p 是 f 在 $\bar{x}$ 处的下降方向。

定理 2.3.2　（一阶必要条件）如果 x^* 是非线性规划问题的局部最优解，那么 $\nabla f(x^*)=0$。

定义 2.3.1　如果 $f: \mathbf{R}^n \to \mathbf{R}^1$ 在 $x^* \in \mathbf{R}^n$ 处可微，且 $\nabla f(x^*)=0$，则 x^* 称为函数 f 的平稳点。平稳点可以看作是函数的极大值或者极小值，也可以都不是。由此可知，x^* 是无约束非线性规划平稳点为其最优的必要条件。

定理 2.3.3　（二阶必要条件）如果 x^* 是无约束规划问题的局部最优解，$f(x)$ 在 x^* 点附近连续可微，那么 $\nabla f(x^*)=0$，$\nabla^2 f(x^*)$ 半正定。

定理 2.3.4　（二阶充分条件）如果 $\nabla f(x^*)=0$，$\nabla^2 f(x^*)$ 正定，那么 x^* 为无约束问题的严格局部最优解。

定理 2.3.5 如果目标函数是连续可微的凸函数,那么平稳点、局部最优解和全局最优解是等价的。

无约束非线性规划问题具有多种求解算法,但是大多为逐次一维搜索的迭代算法,这些算法的基本思想是,于近似点处朝着有利的线索搜查,得到新的近似点,反复迭代直至得到满足要求的近似最优解为止。这些算法又分为两大类:一类是涉及目标函数导函数的解析法,另一类是只用到函数值的直接法。解析法分为梯度法(最速下降法)、牛顿法、共轭梯度法及变量尺度法等。直接法同样具有多种方法:模式搜索法、鲍威尔(Powell)法、旋转方向法、坐标轮换法及单纯形调优法等。

在求解非线性规划的方法中,无论涉及的是单一决策变量还是多个决策变量,大多都是具有一维搜索方法的成分,因而对一维搜索方法进行说明显得很有必要。

对一维无约束规划问题

$$\min f(x) \tag{2-27}$$

采用一维搜索方法进行求解极小点和极小值,一般分为两步:

(1) 确定初始搜索区间 $[a,b]$,该区间包含目标函数的极小点。

(2) 在区间内搜索极小点: $x_{k+1} = x_k + a_k d_k$, $k = 0, 1, 2, \cdots$(基本迭代公式),确定迭代初始点 x_k 和搜索方向 d_k,由步长 a_k 迭代得到 d_{k+1},又由不同的 a_k 得到不同的 $f(x_{k+1})$。

最终得到最优步长 a_k,获得迭代点 x_{k+1} 的函数值最小,即

$$\min f(x_k + a_k d_k)$$

下面分别对解析法和直接法进行简单介绍。

1. 解析法

(1) 梯度法(最速下降法)。

梯度法(最速下降法)采用函数的负梯度方向进行搜索获得最优解。这种算法主要分三步进行:

① 取起始点 $x_0 \in \mathbf{R}^n$, $k = 0$;

② 令 $d_k = -p_k$(其中, p_k 为搜索方向),步长 a_k 由一定的线搜索步长规则产生,又令 $x_{k+1} = x_k + a_k d_k$, $k = k+1$;

③ 直至 $\| p_{k+1} \| = 0$,算法停止;否则,返回步骤②重新计算。

(2) 牛顿法。

因为梯度法采用函数在当前点对应梯度的线性近似下产生下一个迭代点,所以它的收敛速度较慢。而通过目标函数的二阶展开获得近似值,继而获得最小值来得到下一迭代点,则能更快获取最优解,这就是牛顿法。

设 $f(x)$ 为二阶连续可微函数, $f(x_k + d_k)$ 在 x_k 点的二阶近似展开式为 $f(x_k + d_k) = f_k + d_k^{\mathrm{T}} g_k + 1/2 \times d_k^{\mathrm{T}} G_k d_k$,定义 $u_k(d) = f_k + d_k^{\mathrm{T}} g_k + 1/2 \times d_k^{\mathrm{T}} G_k d_k$,再求得 $u_k(d)$ 的最小值点,根据 $\nabla u_k(d) = \mathbf{0}$,可得 $G_k d = -g_k$。

假如 G_k 正定，$u_k(d)$ 为凸函数，则 $d_k = -G_k^{-1}g_k$ 为 $u_k(d)$ 的极小值点，$D_k^N = -G_k^{-1}g_k$ 为牛顿方向。得到牛顿算法

$$x_{k+1} = x_k - G_k^{-1}g_k \tag{2-28}$$

2. 直接法

解析法需要目标函数是一阶甚至二阶可导，而直接法只利用目标的函数值信息来直接建立搜索并求解，避免了目标函数不可导的问题。

（1）模式搜索法。

模式搜索法为沿选定的基轴方向搜索出最优解的直接搜索方法，因迭代采用轴向移动和模式移动相结合，所以称为模式搜索法。该方法的主要步骤如下：

① 选取初始值。若初始点为 x^0，则初始步长为 $d^0 = (d_1^0, d_2^0, \cdots, d_n^0)^T > 0$。

② 定义参考点。选取 $y' = x^k$。

选定方向进行移动，即以 y 为搜索方向，逐步按平行于轴方向的 e^i 移动，移动方向可分为沿着正轴方向和沿着负轴方向。

沿正轴方向移动时，如果 $f(y+d_i^k e^i) < f(y)$，则 $y' = y + d_i^k e^i$；如果 $f(y'+d_i^k e^i) \geqslant f(y)$，则需向负轴方向搜索；

沿负轴方向移动时，如果 $f(y-d_i^k e^i) < f(y)$，则 $y' = y - d_i^k e^i$；如果 $f(y-d_i^k e^i) \geqslant f(y)$，则 $y' = y$。

如此获得新的参考点 y，$x^{(k+1)'} = y$。

③ 采用模式移动，如果 $f(x^{k+1}) < f(x^k)$，以 $a^k = x^{k+1} - x^k$ 为 x^{k+1} 的加速方向做模式移动。取 $y = x^{k+1} + ba^k$ 作为下一个参考点，$d^{(k+1)'} = d^k$，$k' = k+1$，返回步骤②。否则进行步骤④。

④ 对轴向移动步长进行缩短，如果 $\|d^k\| \leqslant \theta$，停止迭代输出 x^k。否则，$x^{k+1} \neq x^k$，又 $y' = x^k$，$d^{(k+1)'} = d^k$，$k' = k+1$，则返回步骤②。若 $x^{k+1} = x^k$，又 $y' = x^k$，$d^{(k+1)'} = cd^k$，$k' = k+1$，则返回步骤②。

一般情况下，加速度系数 $b \in [1,2]$，收缩系数 $c \in [0.1, 0.5]$，且不限定轴向方向的步长。

（2）鲍威尔（Powell）法。

原始形式方法具有局限性，即在新一轮的搜索方向与原方向线性相关时，会使得计算不能收敛，而导致失败，鲍威尔（Powell）又提出了基于改善其缺点的方法——鲍威尔法的求解步骤如下：

① 选取初始值，若初始点为 x_0，且具有 n 坐标轴上的单位向量，分别为 e_1，$e_2, \cdots, e_n$，终止误差为 $\varepsilon > 0$。

② 定义搜索方向，令 $a_i = e_{i+1}$，$i = 1, 2, \cdots, n-1$。

③ 进行基本搜索，依次沿着 a_i 方向做一维搜索，得到步长 d_i，$f(x_i + d_i a_i) = \min_{d \geqslant 0}(x_i + da_i)$，令 $x_{i+1} = x_i + d_i a_i$。

④ 确定搜索方向，令 $\boldsymbol{a}_n = (\boldsymbol{x}_n - \boldsymbol{x}_0)/\|\boldsymbol{x}_n - \boldsymbol{x}_0\|$，又令 $\boldsymbol{a}_i = \boldsymbol{a}_{i+1}, i = 0, 1, 2, \cdots, n-1$。

⑤ 做一维搜索，$f(\boldsymbol{x}_i + d_i \boldsymbol{a}_{i-1}) = \min_{d \geqslant 0}(\boldsymbol{x}_i + d\boldsymbol{a}_i)$，$\boldsymbol{x}_{n+1} = \boldsymbol{x}_n + d_i \boldsymbol{a}_{n-1}$。

⑥ 如果 $\|\boldsymbol{x}_{n+1} - \boldsymbol{x}_0\| \leqslant \varepsilon$，则 $\boldsymbol{x}' = \boldsymbol{x}_{n+1}$，停止；否则进行步骤⑦。

⑦ 令 $\boldsymbol{x}_0 = \boldsymbol{x}_{n+1}$，返回步骤③。

2.3.3 约束非线性规划算法

在实际生活中，许多问题具有一定的限制，即相对于无约束非线性规划问题，约束非线性规划问题具有普遍性，它的最优性理论也更加复杂。

约束非线性规划问题的一般数学模型如式(2-23)。

已知约束非线性规划问题具有约束函数及非线性函数的多样性和复杂性，使得解析该问题的难度增大。然而即使针对该问题产生了许多思路与解法，求得全局最优解的情况只能从少数特殊类型(凸函数)中得到，一般情况下只能求得局部最优解。

定义 2.3.2 假定 $\boldsymbol{x}^* = [x_1, x_2, \cdots, x_n]^{\mathrm{T}}$，且 $\boldsymbol{x}^*$ 满足约束条件，那么称其为函数 $f(\boldsymbol{x})$ 的可行点。所有可行点的集合称为可行集或可行域，记为 $X = \{\boldsymbol{x} \mid g_i(\boldsymbol{x}) \geqslant 0, h_j(\boldsymbol{x}) = 0\}$。约束非线性规划问题的求解为从可行域中寻找一点使得目标函数达到最优解。

定义 2.3.3 假定 $\boldsymbol{x}^* \in X, U_\delta(\boldsymbol{x}) = \{\boldsymbol{x} \mid \|\boldsymbol{x} - \boldsymbol{x}^*\| \leqslant \delta, \delta > 0\}, \forall \boldsymbol{x} \in X \bigcap U_\delta(\boldsymbol{x})$ 时均存在 $f(\boldsymbol{x}) \geqslant f(\boldsymbol{x}^*)$，则称 $\boldsymbol{x}^*$ 为约束问题的局部解；若 $f(\boldsymbol{x}) > f(\boldsymbol{x}^*)$，$\boldsymbol{x} \neq \boldsymbol{x}^*$，则称 $\boldsymbol{x}^*$ 为约束问题的严格局部解。

定义 2.3.4 假定 $\boldsymbol{x}^* \in X$，有 $f(\boldsymbol{x}) \geqslant f(\boldsymbol{x}^*)$，且 $\forall \boldsymbol{x} \in X$，则 $\boldsymbol{x}^*$ 为约束问题的全局最优解；若 $f(\boldsymbol{x}) > f(\boldsymbol{x}^*)$，且 $\forall \boldsymbol{x} \in X, \boldsymbol{x} \neq \boldsymbol{x}^*$，则 $\boldsymbol{x}^*$ 为约束问题的严格全局解。

对于需要在可行域搜索最优解的约束非线性规划问题，它的解不一定满足梯度为零的条件。它的最优性条件与无约束非线性规划问题类似，分为必要条件和充要条件。

对于等式约束问题

$$\begin{cases} \min f(\boldsymbol{x}) \\ \text{s. t. } h_j(\boldsymbol{x}) = 0, \quad j = 1, 2, \cdots, p \end{cases} \tag{2-29}$$

由拉格朗日函数可得，$L(\boldsymbol{x}, \boldsymbol{\lambda}) = f(\boldsymbol{x}) - \sum \lambda_i h_i(\boldsymbol{x})$，其中 $\boldsymbol{\lambda} = [\lambda_1, \lambda_2, \cdots, \lambda_p]^{\mathrm{T}}$，这是等式约束问题的一阶必要条件，即 Karush-Kuhn-Tucker(KKT) 条件。

定理 2.3.6 假设等式约束问题的局部极小点为 $\boldsymbol{x}^*$，又 $f(\boldsymbol{x})$ 与 $h_j(\boldsymbol{x})$ 在 $\boldsymbol{x}^*$ 的某个邻域内连续可微，向量组 $\nabla \boldsymbol{h}_j(\boldsymbol{x}^*)$ 线性无关，则有 $\nabla_x L(\boldsymbol{x}^*, \boldsymbol{\lambda}^*) = \boldsymbol{0}$，即

$$\nabla f(\pmb{x}^*) - \sum_{j=1}^{L} \lambda_j^* \nabla h_j(\pmb{x}^*) = \pmb{0}。$$

定理 2.3.7　$f(\pmb{x})$ 与 $h_j(\pmb{x})$ 为二阶可微函数,且存在 $(\pmb{x}^*, \pmb{\lambda}^*) \in \pmb{R}^n \times \pmb{R}^p$ 使得 $\nabla L(\pmb{x}^*, \pmb{\lambda}^*) = \pmb{0}$。又对于任意 $\pmb{d} \neq \pmb{0}, \nabla h_j(\pmb{x}^*)^{\mathrm{T}} \pmb{d} = 0$, 均存在 $\pmb{d}^{\mathrm{T}} \nabla_{xx}^2 L(\pmb{x}^*, \pmb{\lambda}^*) \pmb{d} > 0$, 则 $\pmb{x}^*$ 是函数的一个严格局部最小点。

对于不等式约束问题

$$\begin{cases} \min f(\pmb{x}) \\ \text{s. t. } g_i(\pmb{x}) \geqslant 0, \quad i = 1, 2, \cdots, m \end{cases} \tag{2-30}$$

求解前,先引入一个概念和三个引理。概念为有效约束和非有效约束。如果一个可行点 $\bar{\pmb{x}} \in X$, 使得 $g_i(\bar{\pmb{x}}) = 0$, 则称不等式约束 $g_i(\pmb{x}) \geqslant 0$ 为 $\bar{\pmb{x}}$ 的有效约束; 反之 $g_i(\bar{\pmb{x}}) > 0$, 则称不等式约束 $g_i(\bar{\pmb{x}}) \geqslant 0$ 为 $\bar{\pmb{x}}$ 的非有效约束。

Farkas 引理与 Gordan 引理是研究不等式约束问题的基础。

引理 1(Farkas 引理)　假定 $a, b_i \in S_n (i = 1, 2, \cdots, s)$, 则线性不等式 $b_i T_d \geqslant 0$, d 属于 S_n, 与不等式 $a T_d \geqslant 0$ 相容的充要条件为 a 存在非负实数,使得 $a = \sum_{i=1}^{s} a_i b_i$。

引理 2(Gordan 引理)　假设 $\pmb{A}$ 是 $r \times t$ 的矩阵,那么 $\pmb{A}x \leqslant 0$, 与 $\pmb{A} T_c = 0, c \geqslant 0$, $c \neq 0$ 中存在一组解。

引理 3　假定 $\pmb{x}^*$ 是不等式约束问题的局部极小点 $P(\pmb{x}^*) = \{i \mid g_i^*(\pmb{x}^*) = 0, i = 1, 2, \cdots, m\}$, 又 $f(\pmb{x})$ 与 $g_i(\pmb{x})$ 在 $\pmb{x}^*$ 处可微, $g_i(\pmb{x})$ 在 $\pmb{x}^*$ 处可微 $\Rightarrow$ 在 $\pmb{x}^*$ 连续, 则不等式约束问题的可行方向集 Q 和下降方向集 R 的交集是空集(设 $\pmb{x}$ 是非线性规划问题的一个可行点,非零矢量 $\pmb{q}$ 即是点 $\pmb{X}$ 处的可行方向,该集合 Q 称为可行方向集;又是 $f(\pmb{x})$ 在点 $\pmb{x}$ 处的一个下降方向,则称 r 为 $f(\pmb{x})$ 在点 $\pmb{X}$ 处的一个可行下降方向,该集合 R 称为可行方向集)。

由此可以得出不等式问题的极小值点定理:

定理 2.3.8(KKT 条件)　如果有效约束集 $P(\pmb{x}^*) = \{i \mid g_i(\pmb{x}^*) = 0, i = 1, 2, \cdots, m\}$, 又 $f(\pmb{x})$ 与 $g_i(\pmb{x})$ 在 $\pmb{x}^*$ 处可微, 且向量组 $\nabla g_i(\pmb{x}^*)$ 线性无关,且存在向量 $\pmb{\lambda} = [\lambda_1, \lambda_2, \cdots, \lambda_m]^{\mathrm{T}}$ 使得 $\nabla f(\pmb{x}^*) - \sum_{i=1}^{m} \lambda_i^* \nabla g_i(\pmb{x}^*) = \pmb{0}, g_i(\pmb{x}^*) \geqslant 0, \lambda_j^* > 0$, $\lambda_j^* g_i(\pmb{x}^*) = 0, i = 1, 2, \cdots, m$, 那么 $\pmb{x}^*$ 是不等式约束问题的一个局部极小点。一般约束非线性规划问题的最优性条件,与不等式约束相似。

定义 2.3.5　[Karush-Kuhn-Tucker(KKT)一阶必要条件]拉格朗日函数为

$$F(\pmb{x}, \pmb{\lambda}, \pmb{\mu}) = f(\pmb{x}) + \sum_{i=1}^{m} \lambda_i \nabla g_i(\pmb{x}) + \sum_{j=1}^{p} \mu_j \nabla h_j(\pmb{x}) \tag{2-31}$$

约束问题的极小点必须满足以下条件:

$$\frac{\partial f}{\partial x^k} + \sum_{i=1}^{m} \lambda_i \frac{\partial g_i}{\partial x^k} + \sum_{j=1}^{p} \mu_j \frac{\partial h_j}{\partial x^k} = 0, \quad k = 1, 2, \cdots, n$$

$$g_i(\boldsymbol{x}) \leqslant 0, \quad i = 1, 2, \cdots, m$$

$$\lambda_i g_i(\boldsymbol{x}) = 0, \quad i = 1, 2, \cdots, m$$

$$\lambda_i \geqslant 0, \quad i = 1, 2, \cdots, m$$

$$h_j(\boldsymbol{x}) = 0, \quad j = 1, 2, \cdots, p \tag{2-32}$$

只有当目标函数与可行域均为凸值时,该条件才为全解最优解的充要条件。

定理 2.3.9 (最优性的二阶必要条件)假定约束非线性规划问题中目标函数及约束函数为二阶连续可微,$\boldsymbol{x}^*$,$(\boldsymbol{\lambda}^*, \boldsymbol{t}^*)$ 为 KKT 点,如果约束条件满足以下条件之一:

(1) $g_i(\boldsymbol{x}^*)[i \in I = (1, 2, \cdots, n)]$,$h_j(\boldsymbol{x}^*)[j \in J = (1, 2, \cdots, m)]$ 均为线性函数;

(2) 梯度向量组 $\{\nabla g_i(\boldsymbol{x}^*), i \in I_0(\boldsymbol{x}^*); \ \nabla h_j(\boldsymbol{x}^*), j \in J\}$ 线性无关。

则 $\boldsymbol{x}^*$ 为局部最小解的必要条件为对于满足条件

$$\boldsymbol{a}^\mathrm{T} \nabla g_i(\boldsymbol{x}^*) = \boldsymbol{0}[i \in I_0(\boldsymbol{x}^*)], \quad \boldsymbol{a}^\mathrm{T} \nabla h_j(\boldsymbol{x}^*) = \boldsymbol{0}, \quad j \in J \tag{2-33}$$

的任意向量 $\boldsymbol{a}$,均有 $\boldsymbol{a}^\mathrm{T} \nabla_x^2 L(\boldsymbol{x}^*, \boldsymbol{\lambda}^*, \boldsymbol{\mu}^*) \boldsymbol{a} \geqslant 0$ 成立。

定理 2.3.10 (最优性的二阶充分条件)假设 $f(\boldsymbol{x})$,$g_i(\boldsymbol{x})$,$h_j(\boldsymbol{x})$ 为二阶连续可微函数,$\boldsymbol{x}^*$ 为 KKT 点。如果 $L(\boldsymbol{x}^*, \boldsymbol{\lambda}^*, \boldsymbol{\mu}^*)$ 在 $(\boldsymbol{x}^*, \boldsymbol{\lambda}^*, \boldsymbol{\mu}^*)$ 处的 Hesse 矩阵 $\nabla_x^2 L(\boldsymbol{x}^*, \boldsymbol{\lambda}^*, \boldsymbol{\mu}^*)$ 满足如下条件:

$$\begin{cases} \boldsymbol{a}^\mathrm{T} \nabla_x^2 g_i(\boldsymbol{x}^*) = 0, & i \in I_0^+(\boldsymbol{x}^*) \\ \boldsymbol{a}^\mathrm{T} \nabla_x^2 g_i(\boldsymbol{x}^*) \leqslant 0, & i \in I_0(\boldsymbol{x}^*) \backslash I_0^+(\boldsymbol{x}^*) \\ \boldsymbol{a}^\mathrm{T} \nabla_x^2 h_j(\boldsymbol{x}^*) = 0, & j \in J \end{cases} \tag{2-34}$$

其中对于非零向量 $\boldsymbol{a}$,均存在 $\boldsymbol{a}^\mathrm{T} \nabla_x^2 L(\boldsymbol{x}^*, \boldsymbol{\lambda}^*, \boldsymbol{\mu}^*) \boldsymbol{a} > 0$,那么 $\boldsymbol{x}^*$ 为函数的一个严格局部最优解,其中 $I_0^+(\boldsymbol{x}^*) = \{j \mid j \in I_0(\boldsymbol{x}^*), \lambda_j^* > 0\}$。

在了解约束非线性规划问题的充分和必要条件后,下面对该问题的求解方法举例说明,其中包含拉格朗日乘子法、可行方向法及惩罚函数法等。

1. 拉格朗日乘子法

拉格朗日乘子法是将有约束问题转换为无约束问题进行解析。该方法对于约束条件不多的情况更有利,尤其是等式约束问题,其实质为通过引入待定的乘子,将约束问题转换为无约束问题来求解。

设约束函数为

$$\begin{cases} \min f(\boldsymbol{x}) \\ \mathrm{s.\,t.}\ h_j(\boldsymbol{x}) = 0, \quad j \in E = \{1, 2, \cdots, p\} \end{cases} \tag{2-35}$$

代入拉格朗日函数

$$F(\boldsymbol{x}, \boldsymbol{\mu}) = f(\boldsymbol{x}) + \sum_{j=1}^{p} \mu_j \nabla h_j(\boldsymbol{x}) \tag{2-36}$$

其中,拉格朗日乘子为 μ_j,其为 $f(\boldsymbol{x})$ 与 $h_j(\boldsymbol{x})$ 关系变化的比率。已知 $F(\boldsymbol{x},\boldsymbol{\mu})$ 在极值点上的梯度必须为零,即

$$\begin{cases} \dfrac{\partial F}{\partial x^i} = \dfrac{\partial f}{\partial x^i} + \sum_{j=1}^{p} \mu_j \dfrac{\partial h_j}{\partial x^i} = 0, & i=1,2,\cdots,n \\ \dfrac{\partial F}{\partial \mu_j} = h_j(\boldsymbol{x}) = 0, & j=1,2,\cdots,p \end{cases} \tag{2-37}$$

因此先求拉格朗日函数的极值,即求解以上方程可得 $\boldsymbol{x}^*$ 和拉格朗日乘子 $\boldsymbol{\mu}^*$。

2. 可行方向法

可行方向法是求解约束非线性规划问题的重要方法之一,其特点为:选取一个可行点 $\boldsymbol{x}_i$,并沿着可行的下降方向 $\boldsymbol{q}_i$ 移动到下一个可行点 $\boldsymbol{x}_{i+1}$,且 $f(\boldsymbol{x}_{i+1}) < f(\boldsymbol{x}_i)$,再逐渐推进,直至获得一个近似的最优解的点列 $\{\boldsymbol{x}_i\}$。

3. 惩罚函数法

惩罚函数法是通过目标函数的极小点制定违约束点的惩罚措施来获取最优解。

对于约束函数最优化问题,惩罚函数法具有直观简单的特点。设在可行域求解目标函数的极值点,在违反约束条件时,就给目标函数加入惩罚机制,不违反约束条件的不给予惩罚,并以此对目标函数进行修正,则约束函数最优化问题能够转化为无约束问题:

$$A(\boldsymbol{x}) = \begin{cases} 0, & \boldsymbol{x} \in Z \\ \infty, & \boldsymbol{x} \in Z \end{cases} \tag{2-38}$$

其中约束函数的可行域为 Z,进一步考虑无约束函数

$$\min F(\boldsymbol{x}) = f(\boldsymbol{x}) + A(\boldsymbol{x}) \tag{2-39}$$

由上可知,$f(\boldsymbol{x})$ 在 Z 上取的极小值是 $F(\boldsymbol{x})$ 在 $\boldsymbol{x}^*$ 达到极小的充要条件。其中,$F(\boldsymbol{x})$ 为点落在可行域外时对目标函数加上惩罚而得到的。$F(\boldsymbol{x})$ 既在 Z 的边界上不连续,又无法在 Z 外取无限值,因而采用 $\mu Y(\boldsymbol{x})$ 代替 $A(\boldsymbol{x})$,μ 为常数。

$Y(\boldsymbol{x})$ 满足以下条件:

(1) $Y(\boldsymbol{x})$ 是连续的。

(2) $\forall \boldsymbol{x} \in \mathbf{R}^n, Y(\boldsymbol{x}) \geqslant 0$。

(3) 当且仅当 $\boldsymbol{x} \in Z, Y(\boldsymbol{x}) = 0$。

2.4　元启发式算法

2.4.1　元启发式算法简介

元启发式算法又称为现代优化算法或者智能优化算法,传统的最优化方法难以处理非凸可行域、具有多个局部极值、函数梯度难以求解,以及具有离散型变量等问题。为此,出现了可以解决以上问题的启发式算法,即在可以接受的计算时间

和空间情况下,给出优化问题的一个可行解,这种方法既不能保证所得解的最优性,也不能衡量与最优解的接近程度。传统的启发式算法包括构造性算法和改进性算法,构造性算法是指从初始解开始,通过增量迭代的方法生成最优的解,改进性算法是指在当前解的邻域中选择最优解来代替当前解,以此寻得算法的最优解。

元启发式算法是运用启发式策略指导传统的启发式算法朝着可能含有高质量解的搜索空间进行搜索,具有通用性强等特点。它是基于对自然界物理和生物现象的学习而形成的计算和搜索技术,涉及多领域、多学科知识。它能够弥补传统启发式算法的限制及避免算法陷入局部最优等问题。所有的元启发式算法均通过引入一些机制来避免生成不好的解,各算法的不同之处在于所采用的避免陷入局部最优的策略不同及解的生成方法不同。

元启发式算法根据迭代过程中是处理单独一个解还是整个群体解可以分为轨迹法和群体法。基于局部搜索的算法为轨迹法,其在每次迭代过程中只处理一个解,典型的代表为模拟退火算法、贪婪随机自适应搜索算法、禁忌搜索算法等;群体法是在每次迭代过程中处理整个群体的解,典型的代表算法有蚁群算法、粒子群算法、遗传算法等智能优化算法。随着技术的进步,目前出现了一些混合式启发算法,即不仅仅采用单一的元启发式算法,还会融合传统算法或者人工智能及运筹学等知识,充分利用不同类型算法的优势,弥补单一算法的缺陷,提高算法的有效性和鲁棒性。

2.4.2　遗传算法

遗传算法(genetic algorithm,GA)是计算数学中用于解决最优化问题的搜索算法,它是 20 世纪 60 年代末期由密歇根大学的 Holland 教授创立的一种进化算法[7]。迄今为止,已经形成了一套完整的理论体系,其应用领域非常广泛。该算法是借鉴了进化生物学中的一些现象而发展起来的,这些现象包括遗传、突变、自然选择及杂交等。遗传算法是基于生物遗传学发展起来的,其涉及生物遗传学的部分基本术语:

(1)基因是遗传变异的主要因素,在遗传算法中,基因主要是指计算中各个分量的解,用来表示个体特征。

(2)染色体又称为基因型个体,染色体的性质由基因序列决定。优化问题就是通过对染色体的处理最终寻到最优个体的。

(3)每个个体对环境的适应程度叫作适应度。为了体现染色体的适应能力,在求解优化问题时,根据优化目标人为地引入了对问题中的染色体都能进行度量的适应度函数。然后根据函数值大小的概率分布来计算个体在群体中被使用的概率,以决定哪些个体应该被保留或者被淘汰。

遗传算法是一种群体型操作,该操作以群体中的所有个体为对象。选择、交叉和变异是遗传算法的 3 个主要操作算子,它们构成了遗传操作,使遗传算法具有其他方法没有的特点。

(1) 选择。从群体中选择优胜的个体,淘汰劣质个体的操作叫作选择。选择算子有时又称为再生算子。选择的目的是把优化的个体(或解)直接遗传到下一代或通过配对交叉产生新的个体再遗传到下一代。选择操作是建立在群体中个体的适应度评估基础上的。

(2) 交叉。在自然界生物进化过程中起核心作用的是生物遗传基因的重组变异。所谓的交叉是指把两个父代个体的部分结构加以替换重组而生成新个体的操作。通过交叉,遗传算法的搜索能力得以飞速提高。

(3) 变异。变异的基本内容是对群体中个体串的某些基因做小概率扰动变化。一般来说,变异算子先对群中所有个体以事先设定的变异概率判断其是否进行变异,再对变异的个体随机选择变异位置进行变异操作。

遗传算法的基本步骤如下:

(1) 初始化,即选择一个群体,这个初始的群体就是问题假设解的集合。通常以随机的方法产生该集合,问题的最优解也是通过这些初始集合进化而来的。设置进化代数计数器 $t=0$,设置最大进化代数 T,随机生成 M 个个体作为初始群体 $P(0)$。

(2) 个体评价,即计算群体 $P(t)$ 中各个个体的适应度。

(3) 选择运算,即将选择算子作用于群体。选择的目的是把优化的个体直接遗传到下一代或通过配对交叉产生新的个体再遗传到下一代。选择操作是建立在群体中个体适应度评估基础上的,适应度准则体现了适者生存的自然法则,适应度高的个体繁殖下一代的数目较多,适应度低的个体繁殖下一代的数目少。

(4) 交叉运算,即将交叉算子作用于群体。在生物进化中,两个个体通过交叉互换染色体进行基因重组而产生新个体。对于选中的繁殖下一代的个体,随机选择一个或者多个交叉点按照交叉概率在选中的位置进行交换,产生新的基因组合,即产生新的个体。交叉概率可以使算法产生更多新的解,以保证群体的多样性;但是过大的交叉概率会使算法搜索过多不必要的区域,加长计算时间。因此交叉概率一般取值在 0.9 左右。

(5) 变异运算,即将变异算子作用于群体。在生物遗传中,染色体的某些基因可能会发生突变,产生新的染色体。在遗传算法中就是按照一定的变异概率对群体中的个体某些基因位置上的基因执行变异操作。交叉相当于全局搜索,变异操作相当于局部搜索。变异概率过小会导致有用的基因难以进入染色体;变异概率过大会导致子代丧失父代的优秀基因。因此,变异概率取值一般在 0.005 左右。群体 $P(t)$ 经过选择、交叉、变异运算之后得到下一代群体 $P(t+1)$。

(6) 终止条件判断,即当最优个体的适应度达到给定的阈值,或者最优个体的适应度和群体适应度不再上升时,或者迭代次数达到预设的代数时,算法终止。否则,用经过选择、交叉、变异所得到的新一代群体取代上一代群体,返回步骤(3)继续循环计算。一般情况下,预设的代数为 100~500 代。

遗传算法是解决搜索问题的一种通用算法,各种通用问题都可以使用。它是从问题解的串集开始搜索,而不是从单个解开始的。与传统优化算法相比,遗传算法搜索覆盖面大,能够避免误入局部最优解,利于全局择优。遗传算法基本上不用搜索空间的知识或其他辅助信息,而是仅用适应度函数值来评估个体。适应度函数不受连续可微的约束且其定义域可以任意设定。所以遗传算法提供了一种求解复杂系统问题的通用框架,它不依赖于问题的具体领域,对问题的种类有很强的鲁棒性,广泛应用于许多学科。

2.4.3　模拟退火算法

模拟退火算法(simulated annealing,SA)是由 Metropolis 等于 1953 年提出的[8],它是在利用 Monte Carlo 方法迭代求解统计力学方程时发展的一种启发式全局最优算法,也是局部搜索算法的扩展,其于 1983 年由 Kirkpatrik 等应用到了组合优化领域,目前在工程实际中得到了广泛应用。此算法因为计算过程类似于冶金行业的退火过程而得名。固体退火是将固体加热到一定温度再让其冷却,加热时,固体内部粒子随温升变为无序状,内能增大,冷却时粒子渐趋有序,在每个温度下达到平衡态,最后在常温时达到基态,内能最小。模拟退火算法是通过赋予搜索过程一种时变且最终趋于零的概率突跳性,从而可有效避免陷入局部极小并最终趋于全局最优的串行结构的优化算法。

模拟退火算法的核心思想——Metropolis 准则是将搜索空间中的一个点看作一个分子,这个分子在此状态下有一个对应的能量值,随机选取一个点的位移随机产生一个变化值,然后得到一个新的状态,新状态对应一个新的能量值,如果新能量值小于初始能量值,则接受新状态为当前状态,否则,进一步考虑热运动的影响,以一定的概率对当前状态进行更新,判断是否满足中止条件。模拟退火算法的基本步骤如下:

(1) 确定初始温度 t_0 和初始点 $\boldsymbol{x}_0$,计算此时的函数值 $f(\boldsymbol{x}_0)$。

(2) 若在此温度下达到内循环停止条件,则转到步骤(3),否则,随机生成一个新点 $\boldsymbol{x}'$,得到一个新的函数值 $f(\boldsymbol{x}')$。计算两个函数值的差值 $\Delta f = f(\boldsymbol{x}') - f(\boldsymbol{x}_0)$,如果 $\Delta f \leqslant 0$,则接受新点 $\boldsymbol{x}'$ 为当前状态点;如果 $\Delta f > 0$,则计算新点的接受概率:$P(\Delta f) = \exp\left(\dfrac{\Delta f}{t_k}\right) > \text{random}(0,1)$,则接受新点 $\boldsymbol{x}'$ 为当前状态点;否则,仍采用原来的点 $\boldsymbol{x}_0$ 作为下一次的模拟退火初始点,重复步骤(2)。

(3) 判断是否满足终止条件,若满足,则输出当前状态点的值为稳态解,否则改变初始温度值,若 $t \geqslant 0$,则转至步骤(2),否则算法结束。

模拟退火算法的步骤包含两个循环计算,内循环是在温度 t_k 下的状态点的更新计算,即找到在此温度下的热平衡状态;外循环是在温度逐步衰减,迭代步数变化和算法停止准则的基础上求解出最优解的近似值。固体退火是一个缓慢降温的过程,控制参数值也必须是缓慢衰减才能保证算法最终趋于整体最优解。

模拟退火算法的关键计算模型主要包括数学模型、冷却进度表(Cooling Schedule)和新解接受准则等。

数学模型由目标函数、可行解空间和初始解组成。目标函数是对优化对象的数学模型描述,目标函数的建立应当以易于计算为原则,以提高后续计算效率;可行解空间是问题所有可能解的集合,在优化问题中,需要限定在可行解空间之内,在构造解的时候就要考虑解的约束条件;初始解是迭代算法的起点,模拟退火算法的最优解不依赖于初始解的选取。

冷却进度表主要包括温度参数的初始值 t_0、衰减因子、每个温度值下的迭代次数和停止条件等。以上参数的选取是保证算法高效性和收敛性的关键。

1. 温度参数的初始值 t_0

由物理退火过程可知,初始温度越高,粒子的能量分布越均匀,对应算法搜索的解状态越多,但是温度过高所需要的迭代次数就越多,增加了计算时间,因此,初始温度的选取应尽量使每个解状态被接受,即解的接受概率接近于1:

$$\exp\left(\frac{\Delta f}{t_k}\right) \approx 1 \tag{2-40}$$

Kirkpatrik 等提出了 t_0 的选取法则:选定一个尽量大的初始值 t_0 进行若干次变换,如果接受率小于预定初始接受率(取值为 0.8),则加大当前 t_0 值,再重复以上过程,直至将计算出的接受率大于 0.8 的条件下的 t_0 值作为初始温度值; Johnson 等通过计算若干次随机变换的目标函数增量值来确定初始温度值 t_0;一般情况下,初始温度值 t_0 可以由公式 $t_0 = N\alpha$ 计算,其中,N 为尽量大的数值,一般取值为 10、20、100 等,$\alpha = \max\{f(\boldsymbol{x}') - f(\boldsymbol{x}_0)\}$,计算时,$\alpha$ 值可以估算出来,尽量使接受概率接近 1。

2. 衰减因子

固体退火是一个温度逐渐下降的过程,温度的衰减主要发生在算法的外循环中,温度下降的快慢关系到算法收敛速度的快慢和是否达到全局最优,温度衰减因子 δ 是影响温度变化的关键参数。

$$t_{k+1} = \delta t_k, \quad k = k + 1 \tag{2-41}$$

衰减因子 δ 为一常数值,一般取值为 $\delta \in [0.5, 0.99]$;δ 的另一种算法为将初始温度 $[0, t_0]$ 划分为 K 个区间,衰减因子的取值为:$\delta = \dfrac{K-n}{K}, n = 1, 2, \cdots, K$。

3. 迭代次数

每个温度下的迭代次数应该满足多次搜索达到能量平衡分布状态的条件,但是迭代次数过多会使计算时间呈指数增长,迭代次数需要与温度衰减速度同时加以权衡,一般情况下迭代次数少,温度衰减慢或者迭代次数多,温度衰减快。一种方法是迭代次数可以取一个固定值,在每个温度下以相同的迭代次数计算,取值大小取决于优化问题的解的表达编码和邻域结构;另一种方法是按照接受和拒绝的比率来决定迭代次数,温度高时,状态被接受的概率大,同一温度下的迭代次数可以少一些,温度低时,状态被拒绝的概率大,同一温度下的迭代次数应该多一些。在计算之前预先给定一个充分大的迭代次数上限值和一个接受次数指标,当接受次数达到指标时,改变温度条件,否则,一直迭代计算至达到次数上限;或者预先给定一个接受比率指标——迭代次数上限值和下限值,在同一温度下迭代次数必须超过下限值,并且当接受次数与迭代次数之比超过接受比率时,迭代停止,否则,迭代计算继续,直至达到迭代计算上限值。

4. 算法停止条件

模拟退火算法的停止条件是最终使温度达到 0,从而寻得全局最优解。一种方法是先给定一个充分小的数,当迭代温度小于这个充分小的数时,算法停止;另一种方法是控制循环次数法,即预先规定算法循环的总次数,当算法次数达到循环总次数时,算法停止;此外,迭代停止条件是当前后两个温度点搜索到的局部最优解差别很小时,就认为达到了全局最优解。

模拟退火算法中会按照某种随机机制产生新解,一般是通过对当前解的扰动来产生新解,即以当前解为中心对部分或者整体空间随机采样,可能的新解构成了当前解的邻域。这一过程中新解的产生函数和扰动机制的选取直接影响当前解的邻域范围。接下来,再计算新解和当前解对应的目标函数差值,根据新解接受准则来判断这个差值是否接受产生的新解,如果新解较当前解更优,满足接受准则,则用新解替换当前解,同时修正目标函数值;如果新解不满足接受准则,则以当前解为基础进行下一轮迭代计算。

2.4.4　蚁群算法

蚁群优化算法(ant colony optimization,ACO)是由意大利学者 Dorigo 等于 20 世纪 90 年代提出的[9]。蚂蚁在觅食过程中会通过相互协作找到食物源的最短路径,蚂蚁作为一种群体动物,它们在运动过程中会沿途分泌一种信息素,并且能够感知这种信息素的存在及强度,在相同的运行时间内,选择短路径的蚂蚁更多,以至于短路径上会留存更多的信息素,后续的蚂蚁会倾向于朝着信息素浓度高的地方移动,直到最后所有的蚂蚁都选择较短的路径前进,这是一种信息的正反馈现象。蚁群优化算法就是基于蚂蚁觅食原理发展而来,目前已经应用于多个工程领域,它是一种可以解决多领域、高维度,从离散到连续的复杂优化问题的仿生优化算法。

由以上信息可以总结出蚁群算法中的三种智能行为:

(1)记忆行为。蚁群觅食期间不会选择其他蚂蚁搜索过的路径,因而需要建立禁忌表来进行模拟。

（2）信息素通信行为。蚁群在路过的地方会留下一种信息素,该信息素会随着时间不断消失,蚁群根据信息素的浓度选择行进路径,即蚁群通过信息素进行通信。

（3）集群活动行为。个体蚂蚁很难到达最终的觅食处,但是庞大的蚁群可以相对简单地到达目的地。随着个体蚂蚁走过的某些路径的增多,路径上留下的信息素也增多,蚂蚁选择这些路径的可能性也增大,进一步使信息素浓度增大;反之,通过的蚂蚁较少的路径,信息素也少,且随着时间而减少,最终该路径选择的概率更低。

综合以上智能行为,蚁群优化算法可以用于指派问题、车辆调度、集成电路设计、通信网络等领域。蚁群优化算法最初应用于旅商问题(Travelling Salesman Problem,TSP),即一个商人需要走过 m 座城市,并选择最短的路线来形成一个闭环,该问题称为蚂蚁系统。

以 TSP 为例,共有 m 座城市,d_{ij} 为各城市之间的距离,i 和 j 分别表示任意两座城市,开始时把 a_i 只蚂蚁随机放入城市内,a_i 为 i 城市的蚂蚁数量,$n = \sum_{i=1}^{n} a_i(t)$ 为蚂蚁的总量,各条路线上的信息素初始值相同,$\tau_{ij}(t)$ 为 t 时刻的信息素残留量,可设 $\tau_{ij}(0)$ 为信息素的初始值。其中蚂蚁每经过一座城市就进行一次迭代,遍历 m 座城市就需要迭代 m 次,又蚂蚁在移动的同时,信息素也在不断地挥发而逐渐消失。

由以上信息可知,各城市之间路线的信息素浓度为

$$\tau_{ij}(t+1) = (1-\rho)\tau_{ij}(t) + \Delta\tau_{ij}, \quad 0 < \rho < 1$$

$$\Delta\tau_{ij} = \sum_{k=1}^{n} \Delta\tau_{ij}^{k} \tag{2-42}$$

其中,ρ 为信息素挥发系数,$\Delta\tau_{ij}^{k}$ 为第 k 只蚂蚁在城市 i 与 j 之间路线上释放信息素而增加的信息素浓度;$\Delta\tau_{ij}$ 为所有蚂蚁在城市 i 与 j 之间路线上释放信息素而增加的信息素浓度。

一般而言,$\Delta\tau_{ij}^{k} = \begin{cases} \dfrac{1}{d_{ij}}, & \text{蚂蚁在 } i \text{ 与 } j \text{ 城市之间的路线上} \\ 0, & \text{其他路线} \end{cases}$

采用蚁群算法求解 TSP 问题的流程如图 2-2 所示,具体的计算步骤如下:

（1）对蚁群的相关智能参数初始化,包括蚁群的规模、信息素因子、信息素挥发因子、最大迭代次数和数据的录入处理等,比如对城市坐标和距离的转换等。

（2）随机初始点的选择,即让个体蚂蚁随机处于一座城市中,随机前往其他城市,并实时更新信息素及城市信息。

（3）蚁群经过路线 d_{ij} 的计算,对当前迭代中的最优解进行记录,并实时更新路线上的信息素浓度。

（4）判断迭代次数是否达到最大,若为否,则返回步骤(2);若为是,则终止程序。

（5）对最终结果进行输出,并根据需求寻找最优解的相关指标。

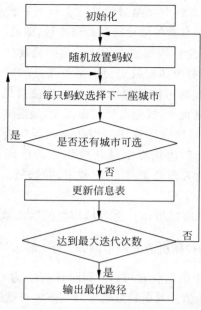

图 2-2　TSP 问题计算流程

与其他优化算法相比,蚁群算法具有以下特点:采用正反馈机制、不断地搜索过程来获得邻近最优解;通过个体释放信息素来相互通信;采用多个个体同时进行的分布式计算,提高计算能力和运行效率;不易陷入局部最优,易于找到全局最优。

参考文献

[1]　MORRISON D R,JACOBSON S H,SAUPPE J J,et al. Branch-and-bound algorithms:a survey of recent advances in searching,branching,and pruning[J]. Discrete Optimization, 2016,19:79-102.

[2]　赵秋红,肖依永,MLADENOVIC N. 基于单点搜索的元启发式算法[M]. 北京:科学出版社,2013.

[3]　徐俊杰.元启发式算法理论阐释与应用[M].合肥:中国科学技术大学出版社,2015.

[4]　康特洛维奇 Л. B. 生产组织与计划中的数学方法[M]. 中国科学院力学研究所运筹室,译.北京:科学出版社,1959.

[5]　邵陆寿.优化设计方法[M].北京:中国农业出版社,2007.

[6]　王德人.非线性方程组解法与最优化方法[M].北京:人民教育出版社,1979.

[7]　颜雪松,伍庆华,胡成玉.遗传算法及其应用[M].武汉:中国地质大学出版社,2018.

[8]　STEINBRUNN M,MOERKOTTE G,KEMPER A. Heuristic and randomized optimization for the join ordering problem[J]. The VLDB Journal,1997,6(3):8-17.

[9]　ANITHA J,KARPAGAM M. Ant colony optimization using pheromone updating strategy to solve job shop scheduling[C]. International Conference on Intelligent Systems & Control,2013.

第3章

方案优化设计

3.1　方案优化设计简介

产品方案设计是决定产品创新性和性能指标的关键步骤,是在阐明了产品的任务书之后,通过抽象化、建立功能结构、寻求合适的作用原理并将其组合,而确定原理解的过程[1]。

鉴于产品方案设计的重要性,该阶段的不确定性对设计结果有着最重要影响[2]。目前优化设计方法和不确定性分析方法针对产品详细设计阶段的不确定性问题,如外部不可控工作条件的不确定性及产品设计参数不确定性等,进行了深入的研究,对于方案设计阶段的不确定性问题则考虑的很少[3]。在这个阶段除存在上述不确定性之外,还存在模型不确定性。模型不确定性主要是指对于待研究问题没有单一或一致的模型进行表达[4]。就产品设计而言,产品模型可分为设计域模型和性能域模型。在方案设计阶段,设计域模型主要是指产品方案模型(包含功能结构、工作原理和系统组成等模型),方案模型的不确定性会影响产品的性能模型。由于性能模型能够直接反应产品的性能特征,可为设计人员消解方案模型不确定性提供依据,所以性能模型是处理产品早期设计阶段不确定性问题的核心。

因此,在产品早期设计阶段获得满足不确定性要求的最优设计方案的关键是构建产品性能模型及特征伴随方案模型不确定性传播的自动演化机制,从而为方案设计和选择提供评价依据。在已建立的产品模型从设计域到性能域的映射演化机制基础上,采用图文法构建产品性能组件模型库及系统性能模型动态组合变换算法,参考产品配置模型等实现系统性能模型到目标数学模型的转变,并借鉴最坏情形分析方法,将参数不确定性问题转化为极端条件下的分析求解问题,结合目标数学模型进行优化。这样构建的针对模型不确定性和参数不确定性的方案优化设计方法,能够在产品系统组成、性能组件选择和设计参数取值三个层次内快速获得全局最优设计方案,达到大幅提高产品设计质量、缩短产品设计周期的目的。

3.1.1　方案设计任务的描述

任何一种产品在研制或设计工作开始之前,需要以任务书的形式阐明产品开发的目的和要求。虽然有些时候制定一份明确、清晰的任务书是非常困难的,但任务书往往对产品在市场上的成败起到关键作用,能够避免产品研制过程中不必要的争议。

任务书的描述应该尽量详细,它包含两方面的内容:用途描述和要求及条件。用途描述是指描述所研制的产品要做什么,并不需要说明求解的途径。对于一个要研制的产品或技术系统的用途描述可以这样实现:例如要研制一套空调技术系统。在这一描述中没有任何限制条件,如果加入条件,就限制了技术系统解决方案的数量。在产品开发或研制过程中,一种用途可以通过不同的技术功能来达到,同样地,一套技术系统有时也能达到多个目的(用途)。因此,技术系统和产品用途之间往往是多对多的关系,这在某种程度上导致产品开发或研制过程变得非结构化。当要对产品的组成进行功能描述时,就不得不牵涉实现产品上一级用途或目的的技术系统,即解的方案;同时还要兼顾各技术子系统或模块之间的接口条件。当增加了这些条件后,往往产品的技术解决方案数量会受到限制。由于不同的子技术系统或模块可以选用不同的解决方案,因此需要从系统角度对各个技术系统进行组合与优化,以便克服产品方案演化过程中的不确定性。从定性角度出发,一个最佳的设计目标可以是成本最有利的解、功能最可靠的解,或者许多单项要求的综合或折中等。

3.1.2　功能、原理与工作结构的构建

产品或技术系统的方案设计过程主要分为功能综合、定性的方案综合和定量的方案综合,在这一过程中需要建立产品或技术系统的功能结构模型,并对这些功能单元拟采用的原理或工作结构进行综合。根据设计任务书,需要确定研制系统的目的功能或主要功能。这里的目的功能或主要功能是详细确定输入参量和输出参量的特性和状态及其排列。因此,目的功能的描述就是把目的转变成物理功能、数学功能或逻辑功能等。

复杂产品或技术系统的功能按照系统边界的位置可分为整体功能、分系统功能和基本功能。整个产品或技术系统的功能结构的建立可采用两种方法,即采用已有的基本功能和分系统功能的逻辑连接代替系统功能,或者选用满足上一级功能要求的技术方案所包含的子功能代替该功能结构单元,实现复杂产品或技术方案功能的分解。所建立的物理功能单元包含转变(复原)、放大(缩小)、变向、传导(绝缘)等7种基本操作和导向、聚集等5种辅助操作,这些操作可采用数学基本运算和逻辑基本运算进行表达。

原理是实现产品结构功能的效应,工作结构则是该原理的载体。按照基本功能要求构建包含物理、化学、生物等原理库及其载体结构模型库是实现复杂产品设计的前提。这些效应和工作结构可以从现有的文献资料、书籍、产品目录和专利中进行搜集和提炼。

3.1.3　方案的形成

在建立了由基本功能构成的复杂产品或技术系统的功能模型后,通过选择或者编排整理适当的效应,便使各个基本功能的实现前进了一步。对于大多数产品而言,对应于某一个基本功能往往有多个可选的直接效应或者多个间接效应。在制定出针对单个功能的原理解和基础解之后,需要进一步将这些基础解进行组合,以形成复杂产品或技术系统的方案。考虑到对于单个功能可能是最优的原理解,当它与整体系统相连时未必是最合适的解。因此,存在大量进行优化设计的空间,且此时产品的模型还没有确定,因此模型结构和模型参数的不确定性同时存在,给方案优化设计带来了巨大挑战。从定性的角度出发,目前大多采用形态学矩阵的方法组合产品系统方案解,如图 3-1 所示。

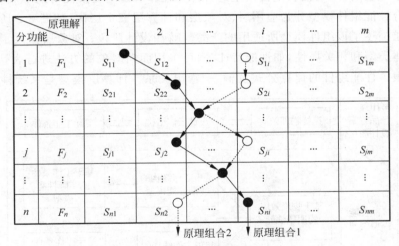

图 3-1　基于形态学的原理方案构建

3.2　方案及优化模型的生成

基于以上复杂产品或技术系统的方案设计过程,采用组件构建包含功能描述、性能描述和计算公式的产品性能组件库实现对已有原理的描述。然后采用组合方法建立产品系统性能模型,并转化为产品优化模型,开发产品方案集成优化设计软件系统,实现产品性能模型和参数不确定条件下的优化设计。

3.2.1　方案组件库的构建

基于产品方案设计阶段的演化特点,建立产品性能组件模型库需要满足两方面的要求:①满足性能模型伴随产品方案设计进程的演化性。从用户提出设计需求,设计人员依此确定产品功能,选择物理效应,设计工作结构,到考虑实际工作条件对产品性能的影响等,产品组件模型都在发生着演化和不确定性传播。②满足产品性能计算的需要,方便系统性能模型推理和组合。在模型库中,面向对象的信息模型通过对象继承等方式能够表达组件模型伴随设计进程的增量式演化特征,具有明确的物理含义,但不便于进行高效的分析计算及组合变换。为此,除了面向对象的表达模型之外,再用图对产品性能进行表达,即将性能组件的每个计算公式作为图中的节点,节点之间的弧或边则表达输入/输出关系,并将对象之间的演化方式转化成图文法规则中的节点及边的替换规则以满足模型库拓展和演化不确定性的需要。这种复合组件表达方式一方面具有层次性和工程设计语义信息,便于设计人员迅速通过树/图搜索找到满足某一功能需求的性能组件模型;另一方面包含了小粒度的计算公式,使得模型的可计算性和可复用变换性得到了极大改善。

复合性能组件模型分为应用层、对象层和计算层三个层次,如图 3-2 所示。其中应用层描述了该组件模型所适用的产品范畴和设计阶段;对象层描述了组件模型的具体类型和相关属性,如性能特征等,可采用面向对象的方法进行表达;计算层则代表了性能组件的计算公式及输入/输出关系。计算层模型是系统性能模型

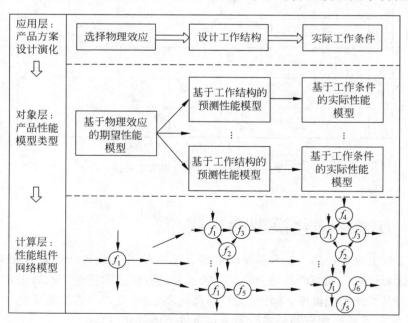

图 3-2　复合性能组件模型库的表达及构建方法

变换的基础,可用五元组表示: $P_{\text{com}} = (V, E, \lambda, \alpha, \beta)$,其中,$V$ 是组件模型中的有限节点集合,每个节点由一个或多个方程或者不等式组成;E 是组件模型中的有向边(弧)集合,代表节点之间的输入/输出关系,每个边可包含一个或多个变量;λ 是标识函数,用来给每个节点和边确定一个名字,λ 是对象层和计算层模型的关键联系;$\alpha(v_i)$ 表示每个节点 v_i 所具有的属性,如方程和不等式类型、可能的求解方法等;$\beta(e_i)$ 则表示每条有向边 e_i 的属性,如变量类型、取值范围等。

性能组件模型库拓展图文法可用三元组 $P_{\text{gram}} = (P, S, C)$ 表示。其中,P 是产生式规则集合,如增加或删除节点和边、连接两个节点等规则,表示向组件模型中增加或删除方程(不等式)、增加或删除变量、扩展组件模型等语义;S 表示组件性能模型库中的初始性能模型集合,如最初的基于物理效应的性能模型;C 表示产生式规则 P 的控制机制和规则成立的前提条件。

3.2.2 系统方案的动态生成

产品方案设计过程中性能模型的演化不仅体现在每个组件模型上,系统模型也发生着演化。来自用户的功能和技术需求的不确定性会直接对产品的系统模型产生影响,同时当系统的组成部件不能满足组件之间的匹配要求或者用户的性能需求时,也要重新选择组件。基于这些不确定性事实和需求,采用基于功能驱动和性能接口匹配驱动的图文法规则来动态构建系统性能模型。其中,功能驱动的动态构建方法以产品功能结构图为基本蓝本,借鉴功能结构图中包含的功能结构单元及能量、信号和物料流等信息,采用图文法实现系统性能模型的动态组合。这些组合规则包括映射、合并、分解、比例放大(缩小)及函数变换等定性规则。性能接口匹配驱动的定量规则也是选择组件模型的重要依据。匹配规则分为性能接口参数的匹配(包括接口输入/输出对应关系)和性能接口特征的匹配。

在建立性能组件模型库的基础上,根据产品功能结构图,采用图文法构建复杂产品系统性能模型,可分为图识别、规则选择、规则应用和传播分析 4 个步骤,如图 3-3 所示。在这里,图 L 是需要变换的实体,即产品功能结构图;图 R 是由性能组件模型构成的系统性能模型图。识别就是从图 L 中找到满足变换规则的子图 G。规则选择就是根据子图 G 的组成及连接关系从组件性能模型库中选择合适的性能模型,这些规则体现在子图 G 到子图 H 的对应关系上,如映射规则为功能和组件模型中标识函数 λ 的匹配关系等。规则应用就是从功能结构图中去掉属于子图 L 的元素,然后加上属于子图 H 的元素。传播分析就是对模型变换后可能产生的影响进行分析:一是所选择的性能模型子图是否和图中已有的性能组件模型匹配,主要考察性能接口参数和性能接口特征是否匹配,当不匹配时要重新选择性能组件模型;二是模型引入后对整体模型结构、求解策略和方法的影响;三是所引入的性能模型对极端条件的传播情况,是放大、缩小,还是完全吸收。

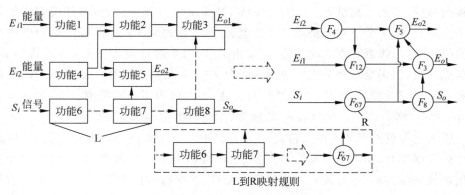

图 3-3　系统方案性能模型的生成

3.2.3　系统优化模型的动态生成

系统性能模型生成后,需要把该模型转化成求解的数学优化模型,同时对该模型的求解策略和方法进行判断以减少盲目性,这都需要参考产品的结构组成和设计形态。因为产品功能结构能够表达产品组件之间的能量、物料和信号等输入/输出关系,但没有给出这些组件的数量及它们之间的空间布局和完整时序约束信息,这对最终的模型结构和求解都有影响,因此需要开发模型装配算法以实现系统模型到目标数学模型的转变。当子模型之间存在耦合关系需要并行求解时,应根据产品设计耦合形态(如层状或顺序耦合)及目标数学模型参数不确定性敏度、模型可求解性、子模型耦合强度、接口参数关系、设计信息完备性等因素选用独立并行、耦合并行、先独立后耦合并行及先耦合后独立并行等模型求解策略。在具体方法层面,根据选择的策略采用一体化集成优化设计方法或子系统并行优化设计方法。当子模型只存在关联而没有耦合关系时,根据关联强度等因素,可以采用集成一体化或链式传播分析求解方法。

为了将系统性能模型转变为优化模型,可采用元模型来生成优化模型。元模型包含 4 部分内容:①模型计算辅助信息如材料属性、边界和初始条件等;②约束和计算模型部分;③目标函数部分;④优化模型输出参数。在元模型的中间两部分,采用组件接口分析的技术连接该组件多代表的函数。对于图 3-4 中的性能组件 F_1、F_2 和 F_3,中间变量 V_{int1} 和 V_{int2} 是组件 1 和组件 2 的输出,它们同时是组件 3 和组件 1、组件 2 之间的信息传输变量。虽然这两个变量是组件 3 的输入变量,但它们不会作为独立变量来进行优化。同理,组件 1 和组件 2 的输出变量也和组件 3 的相应输入变量关联。需要指出的是,在优化模型求解过程中,目前边界和初始条件都作为常量进行处理,所有其他能够装配的变量必须参数化。为了降低优化模型求解的维度,每个被不同组件所共享的变量只作为一个优化参数,这也意味着所有相关的组件针对这个变量同时取相同的数值。其他独立的输入变量将作为优化变量,并且在模型中为每个变量设定的变化区间将直接作为优化模型的变量变化区间,如图 3-4 所示。

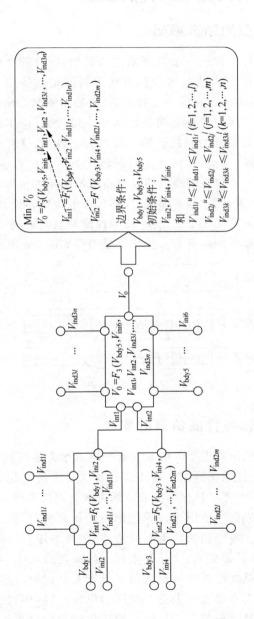

图 3-4　基于元模型的优化模型装配

3.3 基于仿真的方案集成优化设计

3.3.1 优化模型的动态编码

每个性能组件模型可以代表一个需要求解的模型,所有的性能模型可以组合起来形成一个可以采用解析方法或者数值方法求解的集成模型。在模型优化之前,必须确定模型的求解方法。在这个过程中,可能采用模型变换的方法来寻找系统性能模型的求解方法。所谓模型变换是指采用变量代换、应用代理模型或者改变优化目标等方法将复杂耦合的问题转换为可解的子模型,这样优化模型可获得更高的求解精度;或者将一个单目标优化问题转化为一个多目标优化模型,并采用数值或离散方法求解一个复合问题以便获得精确的结果。依据不确定性灵敏度信息,耦合性能模型的可求解性、耦合强度、性能组件的接口和设计信息的有无等,可选择不同的求解策略来实现模型的变换,比如性能模型的解耦变换、性能模型的耦合变换及结构和加强耦合的综合等。优化变量编码如图 3-5 所示。

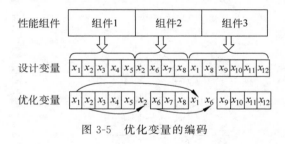

图 3-5 优化变量的编码

3.3.2 模型优化与性能仿真的集成

性能模型优化与性能仿真求解的集成需要解决 3 个方面的问题:优化算法的选择、约束处理方法和软件系统开发。鉴于遗传算法在求解优化问题时的广泛适应性,并且优化过程中不需要对目标函数或者约束函数进行求导,可选择遗传算法与数值仿真算法进行集成。当选用遗传算法作为优化算法时,优化模型中的约束有直接和间接处理方法。考虑到遗传编码的特性,主要采用直接约束处理方法进行优化迭代,即把遗传算子如交叉、变异等限制在约束可行域中,并在解码过程中变换搜索空间。直接约束处理方法一般适用于设计人员比较熟悉的设计空间,并且约束函数可以采用显式方法进行表达。间接约束方法可以采用惩罚函数法,即将约束优化问题通过惩罚因子或者违反约束的代价函数转化为无约束优化问题。在性能模型的仿真和优化求解集成方面,开发了如图 3-6 所示的软件系统。该软件系统分为 4 个模块,分别是方案生成模块、优化模型生成模块、系统性能模型生成模块和产品配置需求和性能组件管理模块。产品配置需求和性能组件管理模块是系统的基础,优化设计需求嵌入方案生成的规则、模型生成模块和系统性能元模型中。采用面向对象的方法对方案生成规则图进行表达,随机搜索方法用来生成不同的产品配置方案,并将配置方案输出给优化模型生成模块以便根据元模型建立系统性能模型,在方案优化过程中,上述步骤不断迭代循环,直至找到最优的设计方案。

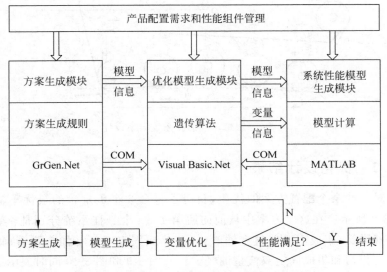

图 3-6　产品方案和性能模型的生成与优化系统

3.4　典型应用案例

3.4.1　设计案例描述

履带车辆为了提高越野条件下的舒适性、通过性和可靠性,广泛使用多自由度悬挂系统,如图 3-7 所示。一般来说,一辆坦克使用 5～7 对平衡悬挂系统。为了简化研究问题,首先假定每对负重轮对称地分布在车辆两侧,因此车辆的振动问题可以转化为一个二维问题;其次平衡轮沿纵向对称地分布在车体质心两侧;最后,相邻两负重轮之间的距离相等,车辆模型如图 3-7 所示。悬挂系统用来减轻地面随机不平度引起的车体振动,对悬挂系统的基本设计要求是:当车辆在给定速度行驶在 E 级路面上且负重轮之间的距离、车体质量、长度、宽度和高度确定时,如何设计车辆悬挂系统使得驾驶员位置的垂直振幅最小。在这个案例中,负重轮可以与不同类型的悬挂系统连接来支撑车辆的总重。履带对车辆行驶平顺性的影响及悬挂系统和负重轮的质量忽略不计。

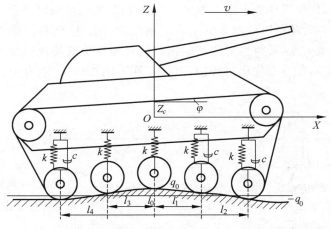

图 3-7 履带车辆悬挂系统方案设计

3.4.2 优化设计结果

经过对 100 余个配置方案的优化,获得了包含 5 个负重轮的最优车辆行动系统,如图 3-8 所示。在这个方案中从前向后第 1～5 个悬挂系统分别是:集成固定单气室油气弹簧、集成固定单气室油气弹簧、集成固定双气室油气弹簧、集成摆动双气室油气弹簧和集成固定双气室油气弹簧。图 3-9 和图 3-10 同时展示了设计变量的优化迭代过程,并给出了基于最优设计结果的车辆行驶平顺性仿真结果。由图 3-10 可知,驾驶员位置的最大垂直加速度是 $2.26\mathrm{m/s^2}$,而图中显示采用商用优化软件 iSightTM 获得的含有 5 个集成摆动单气室油气悬挂系统的行动系统的行驶平顺性为 $2.7\mathrm{m/s^2}$,可见采用上述方法可以获得超越常规优化方法的设计方案。

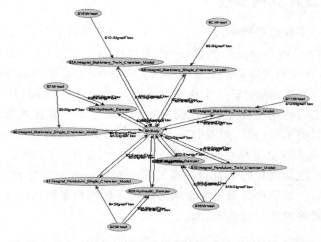

图 3-8 包含 5 个负重轮的最优设计方案及其变量优化过程

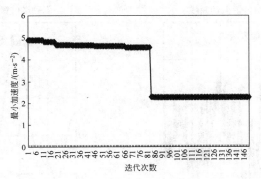

图 3-8 （续）

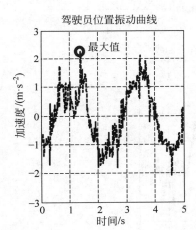

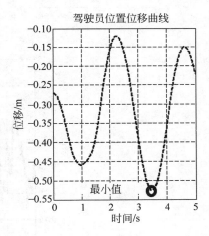

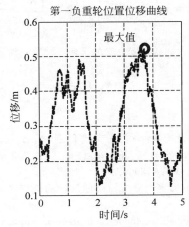

图 3-9 包含 5 个油气弹簧的车辆行驶平顺性仿真

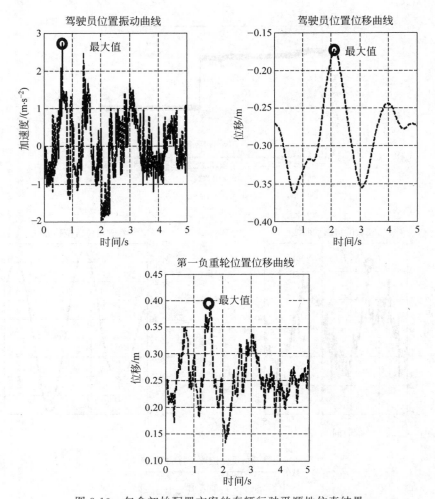

图 3-10 包含初始配置方案的车辆行驶平顺性仿真结果

参考文献

[1] PAHL G,BEITZ W. 工程设计学：学习与实践手册[M]. 北京：机械工业出版社,1992.

[2] DELAURENTIS D A,MAVRIS D N. Uncertainty modeling and management in multidisciplinary analysis and synthesis[C]. AIAA,2000.

[3] 刘德顺,岳文辉,杜小平. 不确定性分析与稳健设计的研究进展[J]. 中国机械工程,2006,17(17)：1834-1841.

[4] LASKEY K B. Model uncertainty：theory and practical implications[J]. IEEE Transactions on Systems,Man,and Cybernetics—Part A：Systems and Humans,1996,26(3)：340-348.

[5] YULIANG L,WEI Z. Automatic product conceptual optimization based on object-oriented performance components and graph grammars[J]. Concurrent Engineering：Research & Applications,2015,23(2)：145-165.

第4章

拓扑优化设计

4.1 拓扑优化设计简介

拓扑优化设计是结构优化领域中的一项关键性技术,能够在概念设计阶段对结构性能实现重要改善,其基本思想是基于结构设计理论、结构分析技术、数学优化算法于指定的设计区域内寻求满足各种约束条件(如应力、位移、材料用量等),使目标函数(刚度、强度、特征频率等)达到最优的材料分布形式,即最佳结构拓扑。拓扑优化可在结构拓扑信息完全未知的情况下,发掘理想的概念设计方案,加之其边界描述及优化算法的复杂性,导致拓扑优化成为结构优化领域内行之有效且最具挑战性的研究课题[1]。

随着增材制造技术的推广和成熟,复杂的结构形式能够被该类制造工艺加工成型,使得拓扑优化设计技术受到工程界的广泛重视,并成为产品设计中不可或缺的设计工具。传统的计算机辅助设计(CAD)在一定程度上减少了设计师的工作量,但仅仅是方便了机械制图,却无法扩展设计思路。也就是说,结构设计师仍然沿用经验式的设计方式,即根据现有产品、自身经验和设计知识设计新结构,然后进行仿真和实验校核,再不断重复上述两个过程,直到获得满足设计要求的方案。该设计方法难以实现安全、合理的材料布局,通常会导致结构功能冗余、超重严重,且设计周期过长。拓扑优化设计技术则是基于"优化"的思想,通过科学的手段,快速获得创新性的结构设计方案,且该方案往往是无法通过经验设计得到的轻量化结构。目前,拓扑优化已应用于航空航天、汽车工业、船舶设计、材料工程等领域,例如,空客 A380 机翼翼肋、福特汽车底盘结构、舰艇舷侧防撞结构、卫星点阵夹层结构和智能材料等均采用了拓扑优化设计技术。持续增加的应用范围驱动商用软件巨头开发拓扑优化软件或相关功能模块,如 HyperWorks、COMSOL、ANSYS、TOSCA 等。

虽历经几十年的发展,学者们提出了各具特色的拓扑优化设计方法,但由于描述模型不足、算法和问题的复杂性导致拓扑优化在解决工程设计问题时尚存在缺陷。在各类拓扑优化设计技术中,学者们通常采用基于有限元的方法对结构应变场进行分析,这将导致结构边界形状依赖于有限元网格,即产生模糊或锯齿状的结构边界。因此,一些基于单元密度的拓扑优化方法无法获得完整的结构边界几何信息,导致其优化结果无法直接导入 CAE/CAD 软件进行分析和再设计。

4.2　拓扑优化设计方法

早期的拓扑优化设计主要应用于以桁架为代表的离散体结构[2-5]。连续体结构拓扑优化思想由 Bendsøe 和 Kikuchi[6] 在 1988 年的研究论文中首次提出,经过 30 多年的发展,学者们提出了多种行之有效的拓扑优化设计方法,包括均匀化方法[6]、带惩罚的固体各向同性微结构(solid isotropic microstructures with penalization,SIMP)[7-10] 方法、进化结构优化(evolutionary structural optimization,ESO)[15] 方法、水平集(level set method,LSM)方法[11-14] 等。

4.2.1　均匀化方法

均匀化方法最早应用于材料科学领域,针对材料微结构的宏观等效性能进行预测。材料在空间内的周期性排布导致材料具有高度异质性,直接采用有限元方法求解存在计算困难,因此均匀化方法提供了一种相对简单的近似手段来表征材料微结构规律性组合所体现出的宏观等效特性。基于均匀化思想的拓扑优化设计基本原理是假设结构由一系列带孔洞的微结构单胞构成,以微结构单胞的尺寸和方位角作为优化设计变量,通过控制微结构单胞的尺寸来实现材料的添加与删除,从而实现结构拓扑的优化。基于微结构单胞的设计开展结构优化的思路来源于程耿东院士和 Olhoff 教授的研究[16,17],他们利用该方法实现了弹性薄板的形状优化。随后,Bendsøe 和 Kikuchi[6] 首次将均匀化方法应用于解决连续体结构的拓扑优化设计问题,实现了典型连续结构的刚度优化设计。该研究成果为连续体结构的拓扑优化设计奠定了基础。Suzuki 和 Kikucki[18]、Guedes 和 Kikucki[19]、Hassani 和 Hinton[20]、Díaz 和 Kikucki[21]、Ma 等[22] 对均匀化方法的改进和应用进行了广泛而深入的研究。

均匀化方法的主要特点在于其以数学中的奇异摄动理论为基础[6],理论推导严谨,优化解具有唯一性。然而,该方法以微结构单胞的几何尺寸和空间角度作为设计变量,在二维结构拓扑优化问题中每个单元具有三个设计变量,在三维结构拓扑优化问题中每个单元具有六个设计变量。结构采用精细有限元网格离散后,设计变量规模将会更加巨大,导致优化求解成本过高,灵敏度计算困难。此外,基于均匀化方法的拓扑优化设计会在结构中产生多孔状的微结构,从而导致其制造加工困难。

4.2.2 带惩罚的固体各向同性微结构方法

SIMP 是变密度方法中最有效的材料插值模型之一[8,9,23,24]，该方法的出现克服了均匀化方法中设计变量多、多孔微结构难以制造的缺陷。SIMP 的基本思想是采用一种人为设定在区间[0,1]上连续变化的相对密度来描述结构域中材料的用量，并以每个单元的相对密度作为设计变量，通过引入指数函数的惩罚项来构建单元相对密度与弹性模量间的对应关系，从而获得趋于离散 0-1 分布的结构形式。SIMP 方法假定结构域中的材料均具有各向同性，且无须引入带孔微结构，每个单元的设计变量仅有一种。因此，基于 SIMP 的拓扑优化设计方法具有实现简单、求解效率高的优势。针对 SIMP 插值模型，Bendsøe 和 Sigmund 证明了其具备物理意义和可实现性[9]。随后，该方法被广泛应用和研究，其应用领域也由最初的刚度拓扑优化设计迅速扩展到柔性机构拓扑优化设计[25]、多物理场耦合的拓扑优化设计[26,27]、几何非线性问题的拓扑优化设计[28,29]、振动结构的拓扑优化设计[30]等。目前，SIMP 方法被认为是最流行的拓扑优化设计方法之一，包括 HyperWorks、Optistruct、ANSYS 在内的主流仿真与优化软件均集成了该方法。然而，SIMP 方法在应用过程中存在中间密度单元和数值不稳定现象（棋盘格式、网格依赖性等），通常需要采用周长约束法、密度过滤和敏度过滤等技术加以抑制[31,32]。

4.2.3 进化结构优化方法

拓扑优化中另外一类有效方法是基于进化思想的优化方法，其中最为典型且应用最为成功的是 ESO 方法。该方法的基本思想来源于生物进化论，即在迭代过程中保留高效材料并淘汰低效材料，从而逐步完成结构的拓扑优化设计。ESO 方法率先由 Xie 和 Steven 于 1993 年提出[15]，他们基于有限元分析的手段，将完整的结构域进行离散化处理，以离散后的单元作为设计变量，通过设置合适的评估准则来确定单元是否"有效"，通过不断增删单元来实现结构的优化。ESO 方法采用的是离散的设计变量，因此不存在中间密度单元。早期的 ESO 方法只能删除无效单元，而删除后的单元无法再次被添加到结构域中。随后，该方法被发展为一种能够按照既定规则删除和复活单元的双向进化结构优化法（bi-directional evolutionary structural optimization，BESO）[33,34]，使得优化设计过程更加合理，并在一定程度上避免迭代陷入较差的局部最优解。一些学者尝试将 SIMP 方法中的敏度计算与过滤机制引入 BESO 方法的框架中，进一步提升了方法的合理性与稳定性[35,36]。ESO 方法可输出黑白分明的优化结果，实施过程较为简便，易与商用软件结合，已经广泛应用于不同类型的优化问题[37-39]。

4.2.4　水平集方法

与基于单元密度的拓扑优化方法不同,水平集方法是一类基于边界描述的方法。水平集方法能够通过直接驱动结构边界来达到优化结构拓扑和形状的目的,因此可以保证所获得的优化结构具有清晰、光滑的边界。最经典的水平集方法并不是一开始就应用于结构拓扑优化设计研究,其最早是应用于追踪曲面/曲线的演化过程[11]。该方法的主要思想是将低一维的运动边界作为零水平面,并将该零等值面嵌入高一维的水平集函数中,通过设置合适的边界速度场,即可驱动水平集函数运动,从而间接带动零水平面(运动界面)演化。该方法在图形图像处理、火焰燃烧、晶体生长、多相流、计算机视觉等运动界面追踪领域得到了广泛的应用[40]。利用水平集方法描述运动边界具有诸多优点,例如,方便灵活地反映曲线/曲面的形状和拓扑特征;容易获得运动边界的几何特征,如法矢和曲率等;能够在离散的网格上利用有限差分法对水平集方程进行数值求解,并利用空间导数计算水平集函数 Φ 的梯度;Hamilton-Jacobi 偏微分方程的黏性解理论保证其能够找到 Lipschitz 连续的唯一解[41]。

考虑到水平集方法在处理运动边界方面的独特优势,Sethian 和 Wiegmann[12]在 2000 年首次将该方法引入结构拓扑优化设计领域,实现了结构形状和拓扑优化联合优化,完成了典型结构件的满应力设计。在该研究中,结构的边界被隐式地嵌入高一维的水平集函数中,基于形状灵敏度分析建立了结构边界演化的速度场,最终构建了 Hamilton-Jacobi 偏微分方程,通过对偏微分方程进行迭代求解,实现了结构的优化设计。随后,Osher 和 Santosa[42] 在水平集方法框架中引入目标泛函的形状梯度,从而建立了形状梯度与速度场间的联系。这一工作被 Allaire 等[14]和 Wang 等[13]进一步拓展和改进,从而形成了水平集与形状导数相结合的新框架,至今仍然是最流行的方法之一。

尽管水平集方法在处理运动边界时具有天然的优势,但是利用传统水平集方法解决结构拓扑优化问题时尚存在以下缺陷:①高一维的水平集函数在优化过程中可能会变得过于平坦或过于陡峭。这是由于零水平面所对应的水平集函数不唯一造成的。过平或过陡的水平集面会导致数值计算的稳定性问题,因此在应用传统水平集方法时需要不断将水平集函数重新初始化为一种符号距离函数。而该重新初始化操作通常独立于优化过程之外,额外地增加了优化成本。②为满足稳定性和收敛性要求,在求解 Hamilton-Jacobi 偏微分方程时需要满足 Courant-Friedrichs-Lewy(CFL)条件,即时间步长需要小于单个水平集网格的间隔长度。换句话讲,水平集网格尺度需要足够小,才能满足计算精度要求,这也将导致优化迭代时间显著增加。③为了驱动水平集函数的演化,需要将边界上的速度场扩展到整个结构设计域或边界上的窄带区域。然而通过形状导数得到的速度场主要定义在结构边界上,因此需要求解一套额外的 Hamilton-Jacobi 偏微分方程才能实现速度场的扩展。以上问题在一定程度上限制了传统水平集方法的应用。

　　为了克服传统水平集方法的缺陷,学者们对水平集方法进行了改进研究。其中,参数化水平集方法[43]被认为是水平集方法中最有效的改进形式之一。2006年,Wang 等[44]采用一种全局支撑的径向基函数(globally supported radial basis function,GSRBF)对离散点上的水平集函数进行插值,从而通过改变径向基函数(radial basis function,RBF)插值的扩展系数来实现水平集函数及结构边界的更新,最终实现了结构刚度最大化的拓扑优化设计。而后,Luo 等[45]引入紧支撑径向基函数(compactly supported radial basis function,CSRBF)插值技术,提出了基于 CSRBF 的参数化水平集方法,并将其应用于结构刚度优化[46]、柔性机构优化[47]、材料微结构优化[48,49]等不同场景。

4.3　典型应用案例

4.3.1　设计案例描述

　　这里以二维梁结构的激励点局部频率响应优化设计为例来说明拓扑优化方法可实现的结构设计功能。在该算例中,所采用的实体材料为某牌号的钢,其杨氏模量为 210GPa,泊松比为 0.3,密度为 7.8g/cm^3。结构的阻尼系数 $\beta_1 = 0.001$ 和 $\beta_2 = 0.03$。这里采用基于 CSRBF 的参数化水平集方法进行结构设计。

　　二维梁结构的设计空间如图 4-1 所示,其尺寸为 140cm×20cm×1cm。结构中部作用 1000e$^{j\omega T_H}$N 的简谐激励载荷,两端约束全部自由度。本例的最大材料使用量为 40%,优化目标为在激励频带 $\Omega_{\text{freq}} = [0\text{Hz},100\text{Hz}]$ 下实现激励点 P 处的频率响应最小化。

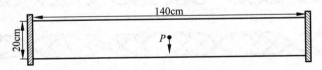

图 4-1　二维梁结构的设计空间

　　首先构建该优化问题的模型:假设结构在激励频率 ω 下受到简谐载荷作用,则其外部动态载荷和复位移可分别表示为 $P = P_{\text{mag}}\text{e}^{j\omega T_H}$ 和 $u = u_{\text{mag}}\text{e}^{j\omega T_H}$。其中, P_{mag} 和 $\boldsymbol{u}_{\text{mag}}$ 分别为载荷和位移的大小,j 为虚数单位,T_H 是与谐函数相关的时间。基于 CSRBF 的参数化水平集方法考虑材料体积分数约束下的结构局部频率响应,拓扑优化设计模型可定义为

$$\begin{cases} \min\limits_{\alpha_i\,(i=1,2,\cdots,N)} J_l(\boldsymbol{u}(\boldsymbol{x},\boldsymbol{\alpha})) = \int_{\omega_s}^{\omega_e} |\boldsymbol{u}_r^{\text{T}}\boldsymbol{u}_r|\,\text{d}\omega \\ \text{s.t.}\ k(\boldsymbol{u},\boldsymbol{v}) + j\omega c(\boldsymbol{u},\boldsymbol{v}) - \omega^2 m(\boldsymbol{u},\boldsymbol{v}) = l(\boldsymbol{v}),\quad \forall \boldsymbol{v} \in U \end{cases} \tag{4-1}$$

$$U = \{ \boldsymbol{u} : u_i \in H^1(\Omega), \boldsymbol{u} = \boldsymbol{0} \text{ on } \Gamma_D \}$$

$$G(\boldsymbol{x}, \boldsymbol{\alpha}) = \int_\Omega \mathrm{d}V - V_{\max} \leqslant 0$$

$$\alpha_{\min} \leqslant \alpha_i \leqslant \alpha_{\max}$$

该模型中，$\alpha_i (i = 1, 2, \cdots, N)$ 为 Gaussian RBF 插值扩展系数，即设计变量。$\alpha_{\max}$ 和 $\alpha_{\min}$ 分别为设计变量的上、下限，主要用于增加优化迭代的稳定性。J_l 代表结构的局部频率响应，$\|$ 用于计算复函数的模。假设优化所考虑的结构局部区域为 r，则该局部区域上的位移场记为 $\boldsymbol{u}_r$。$[\omega_s, \omega_e]$ 为外部激励载荷的频带范围。G 为优化模型的体积约束，$V_{\max}$ 是允许使用的最高材料用量。U 表示运动学上可允许的全部位移集合。为了数值实施方便，假定水平集网格与有限元网格完全一致。因此，u_i 代表设计域 D 中有限元或水平集节点 i 的位移。$H^1(\Omega)$ 是第一 Sobolev 函数空间。

4.3.2　优化设计结果

图 4-2(a)给出了优化问题的初始设计，其材料用量为 54%，结构基频为 191Hz。图 4-2(f)给出了结构的优化设计方案，由于采用了基于水平集的结构边界隐式描述技术，可以发现优化设计具有光滑的结构边界和清晰的材料界面。由图 4-2 中的优化过程可以发现，结构设计域中的已有孔洞逐步合并，新孔洞也能够自由生成，最终通过结构边界的演化获得了结构的最优拓扑形式。

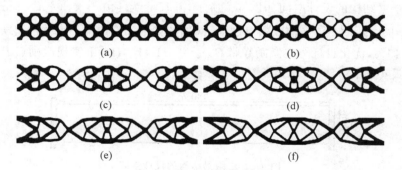

图 4-2　结构形状和拓扑的优化过程

(a) 初始设计；(b) 第 10 次迭代；(c) 第 15 次迭代；

(d) 第 25 次迭代；(e) 第 50 次迭代；(f) 最优设计

优化问题的收敛曲线如图 4-3(a)所示，初始设计和最优设计的频率响应函数曲线如图 4-3(b)所示。可以看到，迭代过程于第 125 次迭代时终止，目标函数在体积约束满足后逐步收敛到最小值。最优设计的结构基频增加到 343Hz，且此时的材料用量仅为 40%。相较于初始设计，最优设计的结构局部频率响应由 4.5579×10^{-3} 降低至 7.1168×10^{-4}，其动态性能提升率约为 84%，表明最优设计具有优良的减振性能。在图 4-3(b)中，通过对比激励频带内结构频率响应函数曲线与坐标轴围成的面积可以发现,最优设计的结构局部频率响应明显小于初始设计,说明所提出的设计方法能够显著地降低激励点处的结构振动。

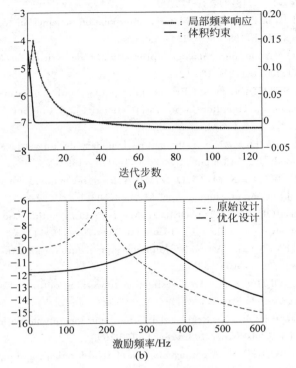

图 4-3 $\kappa = 1$ 时 MCPLSM 的相关曲线
(a) 迭代收敛曲线;(b) 频率响应函数曲线

参考文献

[1] 钱令希. 工程结构优化设计[M]. 北京:水利电力出版社,1983.

[2] MICHELL A G M. The limit of economy of material in frame structures[J]. Philos Mag, 1904,8(6):589-597.

[3] ROZVANY G I N. Structural design via optimality criteria[M]. The Netherlands:Kluwer academic publishers,1989.

[4] CHENG G D,GUO X. ε-relaxed approach in structural topology optimization[J]. Struct Optimization,1997,13(4):258-266.

[5] 程耿东. 关于桁架结构拓扑优化设计中的奇异最优解[J]. 大连理工大学学报,2000, 40(2):379-383.

[6] BENDSØE M P,KIKUCHI N. Generating optimal topologies in structural design using a homogenization method[J]. Comput Method Appl Mech Eng,1988,71(2):197-224.

[7] ZHOU M,ROZVANY G I N. The COC algorithm,part Ⅱ:topological,geometry and generalized shape optimization[J]. Comput Method Appl Mech Eng,1991,89(1-3):

309-336.

[8] ROZVANY G I N, KIRSCH U, BENDSØE M P. Layout optimization of structures[J]. Appl Mech Rev, 1995, 48(2): 41-119.

[9] BENDSØE M P, SIGMUND O. Material interpolation schemes in topology optimization [J]. Arch Appl Mech, 1999, 69(9-10): 635-654.

[10] SIGMUND O. A 99 line topology optimization code written in Matlab[J]. Struct Multidiscip O, 2001, 21(2): 120-127.

[11] OSHER S, SETHIAN J A. Fronts propagating with curvature-dependent speed-algorithms based on Hamilton-Jacobi formulations[J]. J Comput Phys, 1988, 79(1): 12-49.

[12] SETHIAN J A, WIEGMANN A. Structural boundary design via level set and immersed interface methods[J]. J Comput Phys, 2000, 163(2): 489-528.

[13] WANG M Y, WANG X M, GUO D M. A level set method for structural topology optimization[J]. Comput Method Appl M, 2003, 192(1-2): 227-246.

[14] ALLAIRE G, JOUVE F, TOADER A M. Structural optimization using sensitivity analysis and a level-set method[J]. J Comput Phys, 2004, 194(1): 363-393.

[15] XIE Y M, STEVEN G P. A simple evolutionary procedure for structural optimization[J]. Comput Struct, 1993, 49(5): 885-896.

[16] CHENG G D, OLHOFF N. An investigation concerning optimal design of solid elastic plates[J]. Int J Solids Struct, 1981, 17(3): 305-323.

[17] CHENG G D, OLHOFF N. Regularized formulation for optimal design of axisymmetric plates[J]. Int J Solids Struct, 1982, 18(2): 153-169.

[18] SUZUKI K, KIKUCHI N. A homogenization method for shape and topology optimization [J]. Comput Method Appl M, 1991, 93(3): 291-318.

[19] GUEDES J M, KIKUCHI N. Preprocessing and postprocessing for materials based on the homogenization method with adaptive finite element methods[J]. Comput Method Appl M, 1990, 83(2): 143-198.

[20] HASSANI B, HINTON E. A review of homogenization and topology optimization I-homogenization theory for media with periodic structure[J]. Comput Struct, 1998, 69(6): 707-717.

[21] DÍAZ A R, KIKUCHI N. Solutions to shape and topology eigenvalue optimization problem using a homogenization method[J]. Int J Numer Meth Eng, 1992, 35(7): 1487-1502.

[22] MA Z D, KIKUCHI N, CHENG H C. Topological design for vibrating structures[J]. Comput Method Appl M, 1995, 121: 259-280.

[23] ROZVANY G I N, ZHOU M, BIRKER T. Generalized shape optimization without homogenization[J]. Struct Optimization, 1992, 4(3-4): 250-252.

[24] SIGMUND O. Design of material structures using topology optimization[D]. Technical University of Denmark, 1994.

[25] SIGMUND O. On the design of compliant mechanisms using topology optimization[J]. Journal of Structural Mechanics, 1997, 25(4): 493-524.

[26] SIGMUND O. Design of multiphysics actuators using topology optimization-Part I: One-

material structures[J]. Comput Method Appl M,2001,190(49-50)：6577-6604.

[27] SIGMUND O. Design of multiphysics actuators using topology optimization-Part Ⅱ：Two-material structures[J]. Comput Method Appl M,2001,190(49-50)：6605-6627.

[28] BUHL T,PEDERSEN C B W,SIGMUND O. Stiffness design of geometrically nonlinear structures using topology optimization[J]. Struct Multidiscip O,2000,19(2)：93-104.

[29] 李兆坤,张宪民.多输入多输出柔顺机构几何非线性拓扑优化[J].机械工程学报,2009,45(1)：180-188.

[30] DU J B,OLHOFF N. Topological design of vibrating structures with respect to optimum sound pressure characteristics in a surrounding acoustic medium[J]. Struct Multidiscip O,2010,42(1)：43-54.

[31] SIGMUND O,PETERSSON J. Numerical instabilities in topology optimization：A survey on procedures dealing with checkboards,mesh-dependencies and local minima[J]. Struct Optimization,1998,16(1)：68-75.

[32] BENDSØE M P, SIGMUND O. Topology Optimization：Theory, Methods, and Applications[M]. Berlin,Heidelberg：Springer,2003.

[33] QUERIN O M,STEVEN G P,XIE Y M. Evolutionary structural optimization (ESO) using a bi-directional algorithm[J]. Eng Computation,1998,15(8)：1031-1048.

[34] 孙圣权,张大可,徐云岳,等.基于应力突变率的双向进化结构优化方法[J].机械设计与研究,2008,24(2)：6-9.

[35] ANSOLA R, VEGUERÍA E, CANALES J, et al. A simple evolutionary topology optimization procedure for compliant mechanism design[J]. Finite Elem Anal Des,2007,44(1-2)：53-62.

[36] HUANG X D,XIE Y M. Convergent and mesh-independent solutions for the bi-directional evolutionary structural optimization method[J]. Finite Elem Anal Des,2007,43(14)：1039-1049.

[37] XIE Y M,STEVEN G P. Evolutionary structural optimization for dynamic problems[J]. Comput Struct,1996,58(6)：1067-1073.

[38] LI Q,STEVEN G P,QUERIN O M. Shape and topology design for heat conduction by Evolutionary Structural Optimization[J]. Int J Heat Mass Tran,1999,42(17)：3361-3371.

[39] 顾松年,徐斌,荣见华,等.结构动力学设计优化方法的新进展[J].机械强度,2005,27(2)：156-162.

[40] 罗俊召.基于水平集方法的结构拓扑与形状优化技术及应用研究[D].武汉：华中科技大学,2008.

[41] LUO J Z,LUO Z,TONG L Y,et al. A semi-implicit level set method for structural shape and topology optimization[J]. J Comput Phys,2008,227(11)：5561-5581.

[42] OSHER S, SANTOSA F. Level set methods for optimization problems involving geometry and constraints I. Frequencies of a two-density inhomogeneous drum[J]. J Comput Phys,2001,171(1)：272-288.

[43] VAN DIJK N P,MAUTE K,LANGELAAR M,et al. Level-set methods for structural topology optimization：a review[J]. Struct Multidiscip O,2013,48(3)：437-472.

[44] WANG S Y,WANG M Y. Radial basis functions and level set method for structural topology optimization[J]. Int J Numer Meth Eng,2006,65(12)：2060-2090.

［45］ LUO Z,WANG M Y,WANG S Y,et al. A level set-based parameterization method for structural shape and topology optimization［J］. Int J Numer Meth Eng,2008,76（1）: 1-26.

［46］ LUO Z,TONG L Y,KANG Z. A level set method for structural shape and topology optimization using radial basis functions［J］. Comput Struct,2009,87(7-8): 425-434.

［47］ LUO Z,TONG L Y,WANG M Y,et al. Shape and topology optimization of compliant mechanisms using a parameterization level set method［J］. J Comput Phys,2007,227(1): 680-705.

［48］ WANG Y Q,LUO Z,ZHANG N,et al. Topological shape optimization of microstructural metamaterials using a level set method［J］. Comp Mater Sci,2014,87: 178-186.

［49］ WU J L, LUO Z, LI H, et al. Level-set topology optimization for mechanical metamaterials under hybrid uncertainties［J］. Comput Method Appl M, 2017, 319: 414-441.

第5章

代理模型优化设计

在工程设计优化问题的求解过程中,优化算法往往需要对优化目标或者约束进行多次响应评估,进行迭代优化,如梯度优化算法序列二次规划(sequential quadratic programming,SQP)、无梯度的遗传算法等。在 SQP 中,不仅需要优化目标和约束的响应,还需要响应的梯度信息推动优化迭代。遗传算法虽然不需要评估优化目标和约束的梯度,但是每次迭代需要评估种群所有个体的响应,其中个体数目一般较多,而且需要较多的迭代次数来提高解的精度。当优化目标和约束为显式表达式时,响应的梯度信息可以通过解析或者有限差分获取,其响应和梯度的获取一般不会耗费较长的计算时间。但是,随着计算机辅助工程(computer aided engineering,CAE)仿真软件的广泛使用,工程设计优化问题不再仅限于显式的优化目标和约束。当优化目标和约束的响应评估需要调用有限元仿真时,由于仿真过程没有显式表达式,响应的梯度信息难以获得解析解,一般可以通过有限差分进行计算。因为有限差分是直接利用优化目标和约束的响应来计算梯度,并且需要对每个维度变量的梯度进行分开计算,所以,针对隐式的优化问题,序列二次规划需要对优化目标和约束进行更多的响应评估。当有限元仿真的模型规模较大时,仿真涉及的计算量将非常大,这会导致仿真过程非常耗时。所以,当优化目标和约束的评估需要调用耗时的仿真时,无论是执行梯度优化算法序列二次规划还是无梯度的遗传算法,都需要承担非常高的时间成本。由于设计阶段的时长直接影响产品的研发周期,所以降低设计优化的时间成本是工程设计人员需要考虑的关键问题之一。

为了降低仿真分析的计算量,减少计算时间,在保证计算结果满足精度要求的前提下,工程设计人员开始利用代理模型来替代计算机仿真模型,即通过构建计算机仿真模型的代理模型,并将其应用于设计优化中。在代理模型优化设计中,构建代理模型的训练点数量一般明显少于基于真实响应进行优化所需的响应评估次数。由于代理模型的建模时间和预测响应的获取时间一般远小于耗时仿真的调用时间,所以对比真实响应的评估次数,代理模型优化设计的时间成本一般明显小于基于真实响应进行优化设计的时间成本。

目前,代理模型已经成为工程产品设计优化中一种有效的工具和手段,对降低计算的时间成本起到了很好的促进作用。本章首先简要介绍了响应面、径向基函数及克里金三种常见代理模型的基本原理;然后介绍了常用的预测误差评价标准及鲁棒性评估方法,并通过算例测试,对上述三种常见的代理模型进行了预测精度和鲁棒性比较;最后将代理模型应用到优化设计中说明了其效率优势。

5.1 代理模型简介

代理模型常用于处理几个独立自变量影响一个或多个因变量且函数关系非常复杂或无显式表达式的问题,在工程设计优化中得到了广泛应用,其中自变量与因变量的函数关系由代理模型替代。下面对三种常见的代理模型(响应面模型、径向基函数模型和克里金(Kriging)模型)的基本原理进行简单介绍。

5.1.1 响应面模型

基于统计学中的多元线性回归理论,响应面模型(response surface methodology,RSM)通过构建显式多项式来描述自变量(输入变量)和因变量(输出响应)之间复杂或隐式的函数关系[1]。响应面模型的建模理论易于理解,实际构建操作较为简单,建模计算量小,因此在工程设计优化中得到了广泛应用。用响应面模型替代真实的耗时仿真过程可以减少仿真的调用次数,提高优化设计效率。

在响应面模型的建模中,基函数常选择低阶多项式,其中又以二阶多项式应用最为广泛。二次响应面模型的数学表达式为

$$y = a_0 + \sum_{i=1}^{n} b_i x_i + \sum_{i=1}^{n} c_{ii} x_i^2 + \sum_{i=1,j>i}^{n} d_{ij} x_i x_j \tag{5-1}$$

其中,y 是拟合函数,对应于实际仿真模型中的输出响应;x_i $(i=1,2,\cdots,n)$ 是自变量,n 是自变量的维度,对应于实际仿真模型中的输入变量;a_0,b_i,c_{ii},d_{ij} 是多项式待定系数,可以通过最小二乘估计(least squares estimation,LSE)方法计算得到。由式(5-1)可以计算出二次响应面模型中待定系数的数量为

$$N = (n+1)(n+2)/2 \tag{5-2}$$

为了便于利用统计学中多元线性回归的处理方法,式(5-1)改写成线性多项式的形式:

$$y = \alpha_0 + \alpha_1 x_1 + \cdots + \alpha_k x_k + \varepsilon \tag{5-3}$$

其中,$\boldsymbol{A} = (\alpha_0,\alpha_1,\cdots,\alpha_k)^{\mathrm{T}}$ 与式(5-1)中的待定系数相对应,$k=N-1$,一般假定随机误差 $\varepsilon \sim N(0,\sigma^2)$。在设计空间中,可以通过实验设计方法,如正交设计、蒙特卡洛模拟(Monte Carlo simulation,MCS)和拉丁超立方采样(Latin hypercube sampling,LHS)等,获取 m 个样本点,然后,通过仿真计算得到各个样本点所对应的输出响应值。当然,这 m 个样本点及相应的输出响应数据也可以是工程设计人

员积累的历史数据。设计空间一般根据自变量的取值范围来确定,另外,用于构建模型的样本点也可以称为训练点。分别代入各个样本点的设计变量值和对应的输出响应值,就可以确定式(5-2)中 $k+1$ 个待定系数的值。当样本点设计变量值构成的矩阵 $\boldsymbol{U}$ 的秩不小于 $k+1$ 时,$\boldsymbol{U}^{\mathrm{T}}\boldsymbol{U}$ 为非奇异矩阵,式(5-2)中待定系数向量 $\boldsymbol{A}$ 的最小二乘估计值为

$$\hat{\boldsymbol{A}} = (\boldsymbol{U}^{\mathrm{T}}\boldsymbol{U})^{-1}\boldsymbol{U}^{\mathrm{T}}\boldsymbol{W} \tag{5-4}$$

其中,$\boldsymbol{W} = [y_1, y_2, \cdots, y_m]^{\mathrm{T}}$;

$$\boldsymbol{U} = \begin{bmatrix} 1 & x_1^{(1)} & x_2^{(1)} & \cdots & x_k^{(1)} \\ 1 & x_1^{(2)} & x_2^{(2)} & \cdots & x_k^{(2)} \\ \vdots & \vdots & \vdots & & \vdots \\ 1 & x_1^{(m)} & x_2^{(m)} & \cdots & x_k^{(m)} \end{bmatrix}_{m \times (k+1)}$$

确定待定系数以后,对于二次响应面模型的拟合精度,可以利用统计方法来检验,常采用的方法有判定系数 R^2 法、t 检验法和 F 检验法。

由式(5-2)可以看出,当自变量维度增加时,待定系数的数量并不是线性增加,所以高维问题需要的最少训练点数量明显多于低维问题。另外,当响应面模型采用高阶多项式作为基函数时,多项式待定系数的数量在高维问题中会非常多,这将导致所需的最少训练点数量过多,使响应面模型在实际工程中难以适用,这也是响应面模型采用低阶多项式作为基函数的原因。

另外,为了使响应面模型尽可能地对函数进行全局(整个设计空间)逼近,一般希望训练点均匀地分布在设计空间中,很多实验设计方法能够实现均匀采样,如蒙特卡洛模拟、拉丁超立方采样等。所以,当用历史数据构建响应面模型时,如果历史数据在设计空间的分布均匀性较差,则难以保证响应面模型的全局近似效果。

5.1.2　径向基函数模型

在众多神经网络模型中,径向基函数(radial basis function,RBF)模型以其优良的函数逼近特性在工程设计优化中得到广泛应用[2]。径向基函数模型利用径向对称基函数的线性组合对样本点进行插值,其模型表达式为

$$y = w_0 + \sum_{i=1}^{n} w_i \varphi(\|\boldsymbol{x} - \boldsymbol{x}_i\|) \tag{5-5}$$

其中,w_0 是一个多项式函数;φ 代表径向基函数;w_i 是径向基函数的权重系数,利用最小二乘估计方法求得;$\boldsymbol{x}_i$ 是一个训练点,作为径向基函数的中心点;n 是中心点的数量。径向基函数是一类对中心点径向对称衰减的非负非线性函数,具有多种类型,如多二次函数、逆多二次函数、薄板样条函数和高斯函数等。将径向基函数作为神经网络的传递函数便构成了径向基神经网络。这里,采用常用的高斯函数作为径向基函数,其函数形式为

$$\varphi = \exp\left(-\frac{\|\, \boldsymbol{x} - \boldsymbol{x}_i \,\|^2}{2\delta^2}\right) \tag{5-6}$$

其中，δ 表示高斯函数的平坦度（宽度）。文献[3]对 RBF 模型中参数的选取和计算进行了详细的阐述。

5.1.3 克里金模型

通过对样本点数据进行插值的方式，克里金模型给出了输出变量与输出响应之间的最优线性无偏估计，其模型表达式为

$$y(\boldsymbol{x}) = F(\boldsymbol{x}) + Z(\boldsymbol{x}) = \sum_{i=1}^{k} \beta_i f_i(\boldsymbol{x}) + Z(\boldsymbol{x}) \tag{5-7}$$

其中，$y(\boldsymbol{x})$ 代表响应函数；$F(\boldsymbol{x})$ 为指定的多项式函数（如二阶多项式响应面模型），表示设计空间的全局代理模型；$Z(\boldsymbol{x})$ 是一个均值为 0，方差为 σ^2 的随机函数，表示克里金模型的局部偏差，用以实现克里金模型对样本点数据的精确插值。在实际应用中，$F(\boldsymbol{x})$ 常简化为常数 β，此时，式(5-7)可以改写成：

$$y(\boldsymbol{x}) = \beta + Z(\boldsymbol{x}) \tag{5-8}$$

克里金模型的局部偏离程度通过 $Z(\boldsymbol{x})$ 的协方差矩阵来表示，具体公式为

$$\mathrm{cov}[Z(\boldsymbol{x}^{(i)}, \boldsymbol{x}^{(j)})] = \sigma^2 \boldsymbol{\varphi}[R(\boldsymbol{x}^{(i)}, \boldsymbol{x}^{(j)})] \tag{5-9}$$

其中，$R(\boldsymbol{x}^{(i)}, \boldsymbol{x}^{(j)})$ 表示两个样本点 $\boldsymbol{x}^{(i)}$ 和 $\boldsymbol{x}^{(j)}$ 之间的相关函数；$\boldsymbol{\varphi}[\ ]$ 代表 $n \times n$ 的对称相关矩阵（n 表示训练点的数目）。克里金模型的相关函数有很多可选择的类型，在实际应用中以高斯相关函数最为常见：

$$R(\boldsymbol{x}^{(i)}, \boldsymbol{x}^{(j)}) = \exp\left[-\sum_{k=1}^{m} \theta_k \,|\, x_k^{(i)} - x_k^{(j)} \,|^2\right] \tag{5-10}$$

其中，θ_k 是待求的相关参数；m 是自变量的数量，即设计空间的维度；$|\, x_k^{(i)} - x_k^{(j)} \,|$ 是样本点 $\boldsymbol{x}^{(i)}$ 和 $\boldsymbol{x}^{(j)}$ 在第 k 维上的距离。

克里金模型在相关函数确定以后，在预测点的预测均值可以表示为

$$\hat{y}(\boldsymbol{x}) = \hat{\boldsymbol{\beta}} + \boldsymbol{r}^{\mathrm{T}}(\boldsymbol{x}) \boldsymbol{\varphi}^{-1}(\boldsymbol{Y} - \boldsymbol{F}\hat{\boldsymbol{\beta}}) \tag{5-11}$$

其中，$\boldsymbol{Y}$ 是一个 n 维列向量，向量中元素分别对应 n 个训练点的真实响应值；$\boldsymbol{F}$ 是 n 维列向量，当式(5-7)中的 $F(\boldsymbol{x})$ 简化为常数时，$\boldsymbol{F}$ 是单维列向量；$\boldsymbol{r}(\boldsymbol{x})$ 是 n 维列向量，表示预测点与训练点之间的相关性，可利用式(5-12)来计算。通过广义最小二乘估计（generalized least squares estimation，GLSE）方法可以得到 $\hat{\boldsymbol{\beta}}$ 值，见式(5-13)。

$$\boldsymbol{r}(\boldsymbol{x}) = [R(\boldsymbol{x}, \boldsymbol{x}^{(1)}), R(\boldsymbol{x}, \boldsymbol{x}^{(2)}), \cdots, R(\boldsymbol{x}, \boldsymbol{x}^{(n)})]^{\mathrm{T}} \tag{5-12}$$

$$\hat{\beta} = (\boldsymbol{F}^{\mathrm{T}} R^{-1} \boldsymbol{F})^{-1} \boldsymbol{F}^{\mathrm{T}} R^{-1} \boldsymbol{Y} \tag{5-13}$$

式(5-10)相关函数中的待求相关参数 θ_k 可以通过极大似然估计（maximum likelihood estimation，MLE）方法计算得到：

$$\text{Max:} \ L(\boldsymbol{x}^{(1)},\boldsymbol{x}^{(2)},\cdots,\boldsymbol{x}^{(n)};\theta_1,\theta_2,\cdots,\theta_m) = -[n\ln(\hat{\sigma}^2) + \ln|R|]/2 \tag{5-14}$$

其中，σ^2 的估计值为

$$\hat{\sigma}^2 = (\boldsymbol{Y} - \boldsymbol{F}\hat{\boldsymbol{\beta}})^{\mathrm{T}} R^{-1}(\boldsymbol{Y} - \boldsymbol{F}\hat{\boldsymbol{\beta}})/n \tag{5-15}$$

通过求解上述 m 维无约束优化问题，就可以得到所构建的克里金模型。在预测点，克里金模型的预测响应服从正态分布 $N \sim (\hat{y},\hat{\sigma}^2)$。一般地，取 $\hat{y}$ 作为克里金模型的预测值。

5.2　代理模型性能评价

代理模型在实际工程设计优化中，针对不同问题或不同建模条件，可能会显现出不同的性能，如预测精度和鲁棒性。本节对预测精度和鲁棒性的指标进行介绍。

5.2.1　预测精度

预测精度是指代理模型预测值的准确程度，通常采用真实的输出响应与预测值之间的误差大小来衡量预测精度的高低，其中预测点需要在设计空间中，且不为训练点。一般地，为了度量代理模型的全局预测精度，需要预测点均匀分布在设计空间中。为了全面衡量代理模型的预测精度，选取了三种不同类型的误差评价标准：相对均方根误差（relative root mean squared error，RRMSE）、相对平均绝对误差（relative average absolute error，RAAE）和相对最大绝对误差（relative maximum absolute error，RMAE）。其中，RRMSE 和 RAAE 用来反映代理模型对设计空间的全局预测精度，二者的值越小，代理模型的全局预测精度越高；RMAE 用来体现代理模型在整个设计空间中的最大预测误差，是代理模型局部预测精度的反映。RMAE 越小，代理模型的最大预测误差越小。以上三种误差评价标准的计算公式为

$$\text{RRMSE} = \frac{1}{\text{STD}}\left[\frac{1}{n}\sum_{i=1}^{n}(y_i - \hat{y}_i)^2\right]^{\frac{1}{2}} \tag{5-16}$$

$$\text{RAAE} = \frac{1}{n \times \text{STD}}\sum_{i=1}^{n}|y_i - \hat{y}_i| \tag{5-17}$$

$$\text{RMAE} = \frac{1}{\text{STD}}\max_{i=1,2,\cdots,n}|y_i - \hat{y}_i| \tag{5-18}$$

其中，

$$\text{STD} = \left[\frac{1}{n-1}\sum_{i=1}^{n}(y_i - \bar{y}_i)^2\right]^{\frac{1}{2}} \tag{5-19}$$

在式（5-16）～式（5-19）中，y_i 是第 i 个检验样本点处的观测响应真实值；$\hat{y}_i$ 是利用代理模型计算得到的第 i 个检验样本点处的观测响应预测值；n 是检验样本点

的总数；$\bar{y}_i$ 和 STD 分别代表检验样本点处观测响应的平均值和标准差。

5.2.2 鲁棒性

鲁棒性是指代理模型在不同建模条件下的性能稳健程度。这里利用拉丁超立方采样对设计空间进行均匀采样，因为采样过程具有一定的随机性，所以，我们通过多组训练点测试代理模型应对采样随机性的鲁棒性。每组训练点具有相同的数量，但是由于随机采样，各个组之间的训练点不同。每组训练点都能得到相应的 RRMSE、RAAE 和 RMAE 指标值，通过计算所有组对应的 RRMSE、RAAE 和 RMAE 标准差，可以评估代理模型精度的鲁棒性。计算 RRMSE、RAAE 和 RMAE 的标准差时，可以利用式(5-19)，其中，y_i 是每组训练点得到的 RRMSE、RAAE 和 RMAE 指标值，$\bar{y}_i$ 为各个指标的均值。标准差越小，代理模型的鲁棒性越高。

5.3 典型应用案例

在实际工程设计优化中，目标和约束的评估经常涉及非常耗时的仿真过程。与之相比，构建代理模型的时间及利用代理模型预测的时间一般远小于耗时仿真的时间，所以可以通过对比调用仿真的次数来判断代理模型优化设计的效率是否高于基于真实响应的优化设计。为了便于理解，本节通过一个二维非线性算例对不同代理模型进行比较，该算例的真实函数表达式为

$$y = (x_1^2 - x_2)^2 + (x_1 - 1)^2 + 100, \quad x_1, x_2 \in [-2, 2] \qquad (5\text{-}20)$$

基于该函数，我们将分别对三种代理模型的构建过程和优化应用进行对比介绍。同时，基于对真实函数的评估次数，也可以评估代理模型优化设计的效率。

5.3.1 代理模型构建

由于不同的实验设计方法会对代理模型的精度产生不同的影响，为了避免该影响，本节使用拉丁超立方采样[4]方法分别获取代理模型构建和性能检验中所需的训练样本点和检验样本点。在构建代理模型前，需要对代理模型的相关参数进行设置。RSM 的多项式最高阶次为 2，RBF 选择高斯函数为径向基函数，Kriging 的相关函数为高斯相关函数。

利用拉丁超立方采样，在设计空间 $x_1, x_2 \in [-2, 2]$ 中，获取 20 个均匀的样本点作为训练点。然后，基于式(5-20)评估 20 个训练点处的真实响应值。利用训练点和相应的响应值，构建 RSM 模型、RBF 模型和 Kriging 模型。图 5-1 给出了真实函数、RSM 模型、RBF 模型和 Kriging 模型的三维曲面、训练点和等高线。值得注意的是，图 5-1 中每个子图的训练点是相同的，另外，三个代理模型的等高线是根据预测值绘制的。对比三维曲面可以发现，RSM 模型、RBF 模型和 Kriging 模型都能较好地捕捉到真实函数的曲面形状，其中，Kriging 模型的曲面形状与真实函数

最为接近。根据式(5-20)可以判断函数在设计空间的最小值为 100，对应的解为 $x_1=1$ 和 $x_2=1$。通过观察值为 100.1、101、102、103 和 104 的等高线，可以看出，RSM 模型与真实函数的等高线形状相差较大；相比 RSM 模型，RBF 模型与真实函数的等高线在整体形状上较为接近，但是，在 $x_1=2$ 和 $x_2=2$ 的位置处，RBF 模型的等高线精度较差；相比 RSM 模型和 RBF 模型，Kriging 模型与真实函数的等高线非常吻合。从等高线形状上可以判断，Kriging 模型的预测精度比 RSM 模型和 RBF 模型要高。

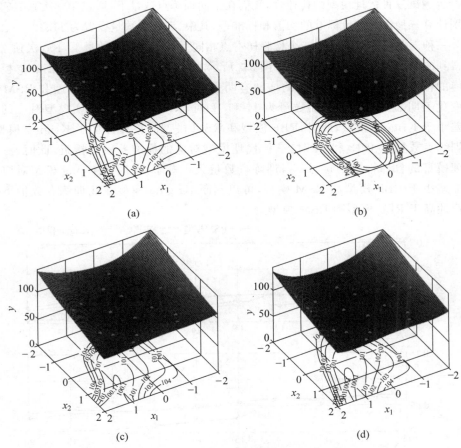

图 5-1 函数三维曲面、训练点和等高线

(a) 真实函数；(b) RSM 模型；(c) RBF 模型；(d) Kriging 模型

对应以上基于 20 个训练点建立的三个代理模型，根据式(5-16)～式(5-18)分别计算 RRMSE、RAAE 和 RMAE 指标值，其中计算三种误差评价指标所用的 100 个检验样本点是相同的，但是检验样本点与训练点是不同的。计算结果见表 5-1。在三个误差标准中，均呈现 RBF 的预测误差小于 RSM，Kriging 的预测误差小于 RBF 的趋势。所以，根据三个误差标准，三个代理模型的精度排序均为：Kriging＞

RBF＞RSM。综合等高线和误差计算数据，可知 Kriging 模型的近似效果最好。

表 5-1　代理模型误差计算结果

误 差 标 准	RRMSE	RAAE	RMAE
RSM 模型	0.5149	0.3979	1.6564
RBF 模型	0.2052	0.1065	0.9334
Kriging 模型	0.0337	0.0139	0.1673

　　为测试三种代理模型的鲁棒性，我们在不同训练点数量下，通过 100 次独立实验分别计算三种误差评价标准的均值和标准差，其中，训练点数量设置为 11、12、…、20，计算三种误差标准所用的 100 个检验样本点相同。各个训练点数量下，100 次独立实验得到的三种误差标准的标准差如图 5-2 所示。由各个子图可以看出，Kriging 模型对应的标准差随着训练点数量的增加有明显减少的趋势，而 RBF 模型和 RSM 模型变化不明显。当训练点的数量为 11 和 12 时，RBF 模型和 RSM 模型对应的标准差小于 Kriging 模型，此时，RBF 模型和 RSM 模型的鲁棒性优于 Kriging 模型；当训练点数量等于 13 和 14 时，三种代理模型对应的标准差较为接近，此时，三种代理模型的鲁棒性较为接近；当训练点数量大于等于 15 时，Kriging 模型对应的标准差小于 RBF 模型和 RSM 模型，可以判断 Kriging 模型在此训练点数量下的鲁棒性高于 RBF 模型和 RSM 模型。

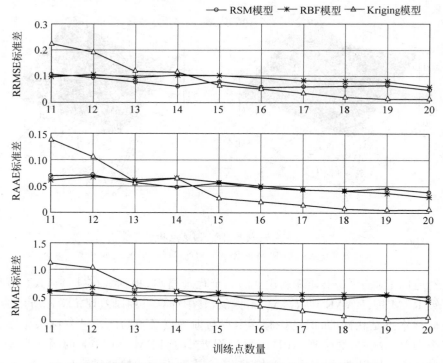

图 5-2　不同数量训练点构建代理模型后得到的误差标准的标准差

　　另外,各个训练点数量下,100 次独立实验得到的三种误差标准均值如图 5-3 所示,其中横坐标为训练点数量,纵坐标三个子图分别对应三种误差标准的均值。由各个子图可以看出,对应三种代理模型,三种误差标准的均值呈现随着训练点数量的增加而减小的趋势,但是 RSM 模型对应的减少趋势较为不明显。在 11 个训练点数量下,就 RRMSE 和 RAAE 两个误差标准而言,RBF 模型的误差标准均值小于 RSM 模型,Kriging 模型的误差标准均值小于 RBF 模型。但是,针对 RMAE,三种代理模型的误差标准的均值接近,RBF 模型的误差标准均值略小于 Kriging 模型。这也反映出偏向于全局的 RRMSE 和 RAAE 在误差评估上具有一定的相似性,而 RMAE 是不同于 RRMSE 和 RAAE 的局部评价标准。当训练点数量大于 11 时,Kriging 模型对应的误差标准的均值都小于 RBF 模型和 RSM 模型。这说明,当训练点数量大于 11 时,Kriging 模型在三个代理模型中的预测精度优势受训练点数量的影响较小。

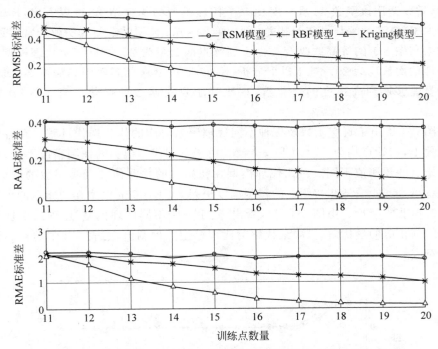

图 5-3　不同数量训练点构建代理模型后得到的误差标准的均值

5.3.2　代理模型优化设计

　　在实际工程产品设计中,优化目标和约束的响应评估经常涉及耗时的仿真过程,通过建立高精度的代理模型,然后将代理模型用到优化中替代仿真过程,可以有效减少仿真次数,加速设计过程。本节基于式(5-20)的函数算例和图 5-1 中建立的代理模型来说明代理模型在优化设计中的应用。本节采用序列二次规划求解算例的最小值,计算结果见表 5-2,其中 x_1 和 x_2 对应的是真实函数及每个模型的解;目标预测值代表解对应的代理模型预测值;目标真实值代表解对应的真实函数值。函数评估次数表示每种方法调用真实函数的次数。值得注意的是,RSM 模型、RBF 模型和 Kriging 模型对应的序列二次规划执行过程不再调用真实函数。

表 5-2　代理模型优化设计结果

模型	x_1	x_2	目标预测值	目标真实值	函数评估次数
真实函数	1.0000	1.0000	—	100.0000	52
RSM	0.2012	0.6507	96.9491	101.0105	20
RBF	1.8872	2.0000	97.7780	103.2260	20
Kriging	0.9952	1.0032	99.9946	100.0002	20

该算例的真实最优解为 $x_1=1$ 和 $x_2=1$,最小值为 100。基于真实函数进行优化时,需要调用该函数 52 次。对比三个代理模型的优化结果,可以看出,RSM 模型和 RBF 模型的解与真实解相差较大,而 Kriging 模型的解与真实解非常接近,这个结果与图 5-1 的等高线吻合。由于训练点的数量为 20,所以三个代理模型对函数的评估次数均为 20。基于以上分析,Kriging 模型在此算例中只需要 20 次函数评估就能够得到高精度的优化解,相比基于真实函数的优化节省了 32 次函数评估。

图 5-4 给出了真实函数及三种不同代理模型对应的优化迭代过程。在各个优化过程中,初始点均为 $x_1=0$ 和 $x_2=0$。由于不同代理模型的预测精度不同,所以在初始点的预测值不同。对比代理模型在初始点的预测值和真实函数的响应值,可以看出,RSM 模型在初始点的预测精度最差,而 Kriging 模型在初始点的预测值与真实值非常接近。由图 5-4 可以看出,基于三个不同代理模型,序列二次规划都能收敛到相应的最优解,其中最优解为代理模型的预测值,与表 5-2 中的目标预测值相对应。

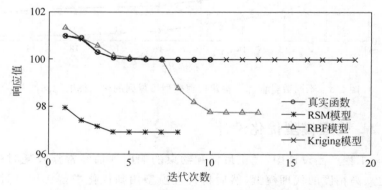

图 5-4　真实函数及不同代理模型对应的优化迭代过程

参考文献

［1］　MYERS R H,MONTGOMERY D C. Response surface methodology：process and product optimization using designed experiments［M］. New York：John Wiley & Sons,Inc. ,1995.

［2］　HARDY R L. Multiquadratic equations of topography and other irregular surfaces［J］. Journal of Geophysics Research,1971,76(8)：1905-1915.

［3］　WANG G G,SHAN S. Review of metamodeling techniques in support of engineering design optimization［J］. Journal of Mechanical Design,2007,129(4)：370-380.

［4］　MCKAY M D,BECKMAN R J,CONOVER W J. A comparison of three methods for selecting values of input variables in the analysis of output from a computer code［J］. Technometrics, 1979,21(2)：239-245.

第6章

多学科优化设计

6.1 多学科优化设计简介

1982年,美国航空航天局(National Aeronautics and Space Administration, NASA)高级研究员 Sobieszczanski-Sobieski J 第一次提出了多学科设计优化的概念。多学科优化设计(multidisciplinary design optimization,MDO)的理论雏形最初来自结构设计自动化的思想,并从研究大系统时所采用的分层设计理论中受到了启发,众多学者及工程师经过近 40 年的持续研究,MDO 的理论基础日趋完善,MDO 的内容更加深入和具体,在复杂机械系统的设计中得到了广泛应用。

6.1.1 多学科优化设计的定义

由于研究者针对研究对象的不同,MDO 的定义也是百家争鸣,不同的领域、学术机构和研究团体各有其独特的理解。以 NASA 发布的 MDO 定义为例:"MDO 是一种通过充分探索和利用系统中相互作用的协同机制来设计复杂系统和子系统的方法论[1,2]"。首先,MDO 是一种方法论;其次,MDO 主要是应用于复杂系统和子系统中存在耦合或者信息交互的情况;最后,MDO 的主要优势是通过系统中相互作用的协同机制挖掘最优设计方案。由于 MDO 具有缩短产品的设计周期和提高产品设计质量等优势,MDO 已经广泛应用于航空航天、车辆、船舶、武器装备及数控机床等复杂装备的设计制造中[3,4]。此外,MDO 还需要融入设计人员对设计过程非技术学科的创造性输入,如费用、环境、服务支持、个性化定制等。因此,未来 MDO 的研究将会更成熟和具体,主要是为各领域提供总体技术方案和服务[5]。

6.1.2 多学科优化设计的关键技术

MDO 的研究内容广泛,可以划分为四大块,分别是仿真计算、数值分析、优化算法及软件平台。MDO 的关键技术框图如图 6-1 所示。

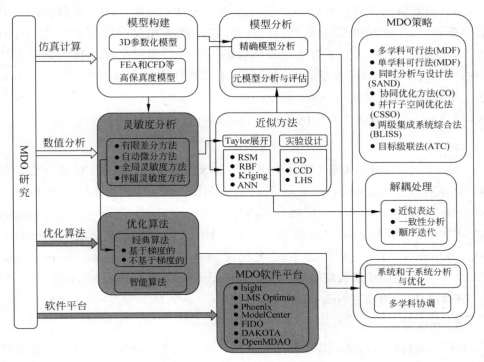

图 6-1   MDO 的关键技术框图

1. 模型构建与模型分析

对一个优化模型,我们需要知道设计变量、目标函数和约束条件。但是对于复杂的工程优化问题,一般其优化模型不能通过数学表达式直接显式化表达。常用的方法是通过有限元仿真构建优化模型,但该方法存在计算效率与精度的平衡问题。如果只为了追求有限元模型的精度,将会导致计算效率低下。如果只为了追求计算高效率,则会牺牲模型精度的要求。为了解决这个问题,许多研究人员借助近似方法将复杂耗时的分析通过近似模型代替,这种方法称为近似模型(元模型或代理模型)技术[6,7]。

2. 灵敏度分析

当优化问题包含数百个或更多的设计变量时,基于梯度的优化方法是唯一可行的选择。Haftka 等对复杂系统中梯度的计算进行了详细阐述[8,9]。有限差分是最早的方法,但是有限差分法的计算成本受设计变量的规模和步长的选择影响较大[10]。自动微分方法和全局灵敏度方法对复杂非线性问题的求解效率不高。伴随灵敏度分析方法可以作为解决大规模 MDO 问题的一个选择[11]。

3. 近似方法

MDO 的主要目标就是处理耦合系统中复杂的信息交互问题。在工程实际中,当涉及有限元分析(FEA)和计算流体动力学(CFD)时,MDO 在每次迭代中需要更新 FEA 模型和 CFD 模型。因此,耗时的计算使其难以用于优化。目前在 MDO 中,一个可行的方法就是通过近似模型("模型的模型")技术来减少计算的工作量[12,13],其基本思想是用近似技术代替计算量大的仿真模型。近似方法主要包括响应面方法(response surface methodology,RSM)[14]、径向基函数[15]、Kriging[16]及人工神经网络(artificial neural network,ANN)[17]等。

4. MDO 策略

MDO 的耦合分解策略一般分为单级和多级两大类。单级 MDO 策略主要包括:多学科可行法(multidisciplinary feasible,MDF)[18]、单学科可行法(individual discipline feasible,IDF)[19]、同时分析与设计法(simultaneous analysis and design,SAND)[20]。对于多级 MDO 策略,每一层有一个优化器,如协同优化法(collaborative optimization,CO)[21]、并行子空间优化法(concurrent subspace optimization,CSSO)[14]、两级集成系统综合法(bi-level integrated system synthesis,BLISS)[22]方法和解析目标级联法(analytical target cascading,ATC)[23]等。

5. 优化算法

对于离散问题,传统的基于梯度的算法将没有优势。研究人员开始将智能算法应用到 MDO 中,包括粒子群优化(particle swarm optimization,PSO)和遗传算法(genetic algorithm,GA)。例如,PSO 应用于 MDO 框架中,解决了优化设计问题[24];GA 作为优化器对火箭和飞行器进行了 MDO[25,26]。Prabhat 综述了非梯度算法在 MDO 领域中的应用,包括 GA 及模拟退火(simulated annealing,SA)等[27,28]。Ng 和 Leng 用 GA 作为优化器对微型飞行器进行优化[29]。Venter 等用 PSO 方法对机翼设计问题进行求解[30]。Hart 等运用 PSO 方法对概念船舶进行 MDO,并用梯度算法和蒙特卡洛模拟方法验证了结果的可靠性[31]。

6. MDO 软件平台

MDO 的研究已经相对成熟和具体。经过研究人员多年的努力,一些 MDO 的集成计算平台相继开发出来,极大地简化了设计人员的负担[32-35]。例如 FIDO、Isight、LMS Optimus、DAKOTA、OpenMDAO 等[36,37]。这些 MDO 计算平台提供了一个用户界面来集成多模型和多源数据的信息交互自动化。然而在应用到实际的工程问题时,由于每个问题的独特性,其操作也是比较烦琐的。MDO 在服务支持和个性化定制等方面还需要进一步的研究。

6.1.3　多学科优化设计的数学表述

一般地,确定性的 MDO 问题的数学模型可以简洁地表述为

$$
\begin{cases}
\min f(\boldsymbol{x}_s, \boldsymbol{x}_i, \boldsymbol{y}) \\
\text{s. t. } g_i(\boldsymbol{x}_s, \boldsymbol{x}_i, \boldsymbol{y}) \leqslant 0 \\
h_i(\boldsymbol{x}_s, \boldsymbol{x}_i, \boldsymbol{y}) = \boldsymbol{y}_i - \boldsymbol{Y}_i(\boldsymbol{x}_s, \boldsymbol{x}_i, \boldsymbol{y}_i) = 0
\end{cases}
\tag{6-1}
$$

其中,f 表示目标函数; $\boldsymbol{x}_s$ 表示共享(或全局)设计变量,表示两个或两个以上学科或子系统共有的设计变量和设计参数; $\boldsymbol{x}_i$ 为子系统或学科 i 的设计变量向量; $\boldsymbol{y}$ 为状态变量向量; $\boldsymbol{y}_i$ 是子系统 i 的耦合状态参数向量,它是来自其他子系统的输出。式中求解 $\boldsymbol{y}$ 是 MDO 中最为耗时的部分,这个过程称为多学科分析或系统分析,需要进行反复迭代来进行求解。g 表示不等式约束,h 表示等式约束。$\boldsymbol{Y}$ 表示多学科分析函数或者耦合状态方程,它包含设计变量和状态变量,反映的是不同学科或者子系统之间的耦合联系。通常,$\boldsymbol{Y}$ 涉及计算机仿真过程,如 CFD 和 FEA。在优化过程中,耦合机制可能会导致子系统之间的反复迭代计算,从而产生大量的计算量。然而,传统的优化理论不能考虑各子系统之间的差异,使得优化效率低下。为了解决这个问题,规划问题的数学模型是必要的。其主要目的是协调各子系统之间的相互作用,使得优化过程中在多学科分析次数最少的情况下得到多学科系统的最优解。

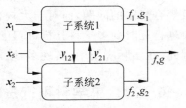

图 6-2 展示了两个完全耦合的子系统,$\boldsymbol{y}_{12}$ 是子系统 1 的状态输出,并被视为子系统 2 的状态参数输入。$\boldsymbol{y}_{21}$ 是子系统 2 的状态输出,被认为是子系统 1 的状态参数输入。

图 6-2　完全耦合的两个子系统

6.2　多学科优化设计方法

　　MDO 方法是指在计算机中对求解的 MDO 问题的解耦策略过程,对系统进行重新组织,以及对子系统之间的信息交互进行处理。MDO 方法的研究是 MDO 理论研究的基础和重点。本节主要介绍三种基本的 MDO 方法:多学科可行法(MDF)、单学科可行法(IDF)和协同优化法(CO)。至于其他 MDO 方法的介绍,读者可自行阅读相关参考文献[14,20,22,23]。

6.2.1　多学科可行法

　　多学科可行法是 MDO 问题最原始和最基本的求解方法[18]。MDF 是一种单级 MDO 优化方法,按照系统的原始框架对子系统进行组织,进行复杂的多学科分析,把所有目标函数、设计变量和约束条件放在一个求解器里求解,各学科之间的耦合状态变量通过反复多次的多学科分析得到求解。图 6-3 展示了一个包含两个学科的 MDF 结构框图。该方法将设计变量提供给分析学科并通过定点迭代执行完整的多学科分析,得到系统多学科分析(multidisciplinary analysis,MDA)输出耦合变量,然后用它来计算目标和约束条件。

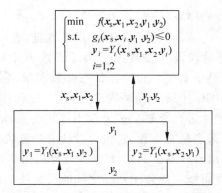

图 6-3　两个学科的 MDF 结构框图

多学科可行法结构简单,相对来说比较容易实施,它比较适合求解子系统较少且耦合紧密的问题,而对于大规模耦合问题,其不再适用。此外,多学科可行法需要进行耗时的多学科分析,而且子系统耦合变量的求解对初始值的选取比较敏感。因此,在实际应用中,实现多学科最优的计算成本较高。

6.2.2　单学科可行法

单学科可行法是一种单级 MDO 方法[19]。它只引入耦合辅助设计变量,利用耦合辅助设计变量进行各个子系统解耦,各个子系统的状态变量直接传递给系统,用于计算约束条件和目标函数。图 6-4 展示了包含两个学科的 IDF 的结构框图,其中 s_1 和 s_2 为耦合辅助设计变量。IDF 不需要进行复杂的多学科分析过程,每个学科自主计算,但增加了辅助变量与一致性约束条件,只有满足等式约束条件时,求得的最优解才能满足多学科可行。

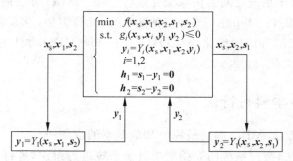

图 6-4　两个学科的 IDF 结构框图

IDF 适合求解系统之间耦合比较松散而子系统分析耗时多的 MDO 问题,不适合求解子系统之间耦合比较紧密的问题。IDF 方法在优化时避免了完整的多学科分析。IDF 保持单个学科的可行性,同时允许优化器通过控制跨学科耦合变量将单个学科推广到多学科可行和最优性。

6.2.3　协同优化法

协同优化法是多级 MDO 方法[21]。标准的协同优化法将 MDO 问题划分为上、下两层,其中上层为系统级优化,下层为子系统优化。标准协同优化法的基本思想是在系统级引入辅助设计变量与一致性约束条件来解耦子系统,以使各子系统能互相独立自治,并且能进行并行设计,不需要进行复杂的 MDA 过程,只在子系统级进行分析。但与单学科可行法不同的是,协同优化法在系统级和子系统级都进行优化。图 6-5 展示了包含两个学科的标准 CO 结构框架。其中上标为 0 的是系统级优化最优解。

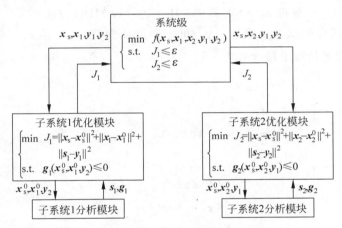

图 6-5　两个学科的标准 CO 结构框架

标准协同优化法基本优化流程可以归纳为:系统级为各子系统间耦合变量分配目标值,并传递给各子系统,各子系统在满足其约束条件的情况下,以使学科间耦合变量的取值和系统级分配的目标值之间的差异最小为目标,各子系统经过分析和优化后再将最优解返回系统级;系统级以通过保证一致性约束来协调各子系统间耦合变量,获得最优解后再将系统级优化结果分配给各个子系统,如此循环迭代,直至收敛。

协同优化法架构旨在促进学科自治,同时实现跨学科兼容,将优化问题分解为不同学科对应的优化子问题。每个子问题只负责自己的局部设计变量并满足其局部约束,而且不知道其他学科的设计变量或约束。每个子问题的目标与其他学科的耦合变量值达成一致。系统级优化器用于协调此过程,同时最小化总体目标。协同优化法符合现代大型工程分工协同与分布式设计的模式,各子系统保持相互独立自治,而且实施相对简单,便于管理组织,能较好地解决求解 MDO 问题面临的两大难题：计算和组织的复杂性,适用于较大规模工程产品的分布式设计,因此,已成为至今应用最广泛的 MDO 方法之一。不过,协同优化法的一致性约束条件往往会导致系统级优化问题很难满足 KKT 条件,从而不能收敛到最优解;另外用其求解线性 MDO 问题时,反而会使问题的非线性程度增加,这使求解的难度也相应增加。很多学者针对协同优化法的不足做了很多改进,使其收敛性得到提高,适用范围得到了拓展[38]。

6.3 典型应用案例

6.3.1 设计案例描述

下面通过一个标准 MDO 算例来对比上述三种 MDO 方法[39,40]。这个问题包含 2 个完全耦合的状态变量 y_1,y_2 和 3 个设计变量 x_1,x_2,x_3,其数学模型见式(6-2),该问题的标准最优解为 $x^* = [3.03,0,0]$,$f^* = 8.0029$。

$$\begin{cases} \min \quad f(\pmb{x}) = x_2^2 + x_3 + y_1 + \mathrm{e}^{-y_2} \\ \mathrm{s.t.} \quad g_1 = 8 - y_1 \leqslant 0 \\ \qquad g_2 = y_2 - 10 \leqslant 0 \\ 其中 \\ \qquad y_1 = Y_1(\pmb{x},y_2) = x_1^2 + x_2 + x_3 - 0.2y_2 \\ \qquad y_2 = Y_2(\pmb{x},y_1) = \sqrt{y_1} + x_1 + x_3 \\ \qquad -10 \leqslant x_1 \leqslant 10,0 \leqslant x_2,x_3 \leqslant 10 \end{cases} \qquad (6-2)$$

6.3.2 优化设计结果

分别通过 MDF、IDF 和 CO 方法求解上述标准 MDO 算例。给定初始点为 $[1,2,5]$。在 CO 方法中给定 ε 为 0.0001,并且给定迭代收敛条件为连续相邻两次迭代最优解的范数小于 0.0001。优化结果见表 6-1。同时 MDF、IDF 和 CO 的迭代过程如图 6-6～图 6-8 所示。

表 6-1 优化结果

MDO 方法	x_1	x_2	x_3	y_1	y_2	f
MDF	3.1444	0.0008	0.0077	8.6762	6.0977	8.6862
IDF	3.0284	0.0002	0	8.0000	5.8568	8.0029
CO	3.0394	0.0003	0	8.0625	5.8789	8.0653

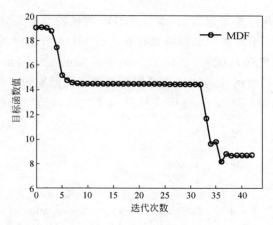

图 6-6　MDF 迭代过程

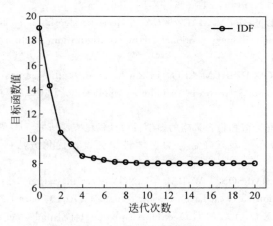

图 6-7　IDF 迭代过程

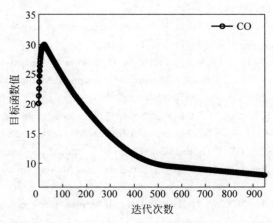

图 6-8　CO 迭代过程

由表 6-1 的优化结果可以看出,本例中 IDF 方法的性能最好,获得了全局最优解。而 MDF 方法由于对初始点敏感并且在进行 MDA 分析时得到的结果不稳定,最终导致得到的是局部最优解。CO 方法最终得到的结果与最优解相近,主要原因是 CO 在求解一致性约束时往往会导致系统级优化问题很难满足 KKT 条件,以及本例采用的是固定松弛因子,把固定松弛因子变为自适应松弛因子就可以提高其优化性能了。

参考文献

[1] DIEZ M,PERI D,FASANO G,et al. Hydroelastic optimization of a keel fin of a sailing boat：a multidisciplinary robust formulation for ship design[J]. Structural and Multidisciplinary Optimization,2012,46(4)：613-625.

[2] CERUTI A,VOLOSHIN V,MARZOCCA P. Heuristic algorithms applied to multidisciplinary design optimization of unconventional airship configuration[J]. Journal of Aircraft,2014,51(6)：1758-1772.

[3] XIONG Y X,MOSCINSKI M,FRONTERA M,et al. Multidisciplinary design optimization of aircraft combustor structure：An industry application[J]. AIAA Journal,2005,43(9)：2008-2014.

[4] 易永胜.基于协同近似和集合策略的多学科设计优化方法研究[D].华中科技大学,2019.

[5] 李伟.考虑参数和模型不确定性的多学科稳健设计优化方法研究[D].华中科技大学,2020.

[6] VIANA F A C,SIMPSON T W,BALABANOV V,et al. Metamodeling in multidisciplinary design optimization：how far have we really come? [J]. AIAA Journal,2014,52(4)：670-690.

[7] YAO W,CHEN X Q,OUYANG Q,et al. A surrogate based multistage-multilevel optimization procedure for multidisciplinary design optimization[J]. Structural and Multidisciplinary Optimization,2012,45(4)：559-574.

[8] HAFTKA R T,ADELMAN H M. Recent developments in structural sensitivity analysis [J]. Structural optimization,1989,1(3)：137-151.

[9] VAN KEULEN F, HAFTKA R T, KIM N H. Review of options for structural design sensitivity analysis. Part 1：Linear systems[J]. Computer Methods in Applied Mechanics and Engineering,2005,194(30-33)：3213-3243.

[10] MARTINS J R R A,STURDZA P,ALONSO J J. The complex-step derivative approximation [J]. ACM Transactions on Mathematical Software,2003,29(3)：245-262.

[11] MARTINS J,KENNEDY G. Enabling Large-scale multidisciplinary design optimization through adjoint sensitivity analysis[J]. Structural and Multidisciplinary Optimization,2021,64：2959-2974.

[12] SIMPSON T W,BOOKER A J,GHOSH D,et al. Approximation methods in multidisciplinary analysis and optimization：a panel discussion[J]. Structural and Multidisciplinary Optimization,2004,27(5)：302-313.

[13] LEOTARDI C,SERANI A,IEMMA U,et al. A variable-accuracy metamodel-based

architecture for global MDO under uncertainty[J]. Structural and Multidisciplinary Optimization,2016,54(3): 573-593.

[14] SELLAR R,BATILL S,RENAUD J. Response surface based,concurrent subspace optimization for multidisciplinary system design[C]. Proceedings of the 34th Aerospace Sciences Meeting and Exhibit,Reno,NV,Jan. 15-18,1996,AIAA-1996-0714.

[15] MECKESHEIMER M,BARTON R R,SIMPSON T,et al. Metamodeling of combined discrete/continuous responses[J]. AIAA Journal,2001,39(10): 1950-1959.

[16] SIMPSON T W,MISTREE F. Kriging models for global approximation in simulation-based multidisciplinary design optimization[J]. AIAA Journal,2001,39(12): 2233-2241.

[17] BESNARD E,SCHMITZ A,HEFAZI H,et al. Constructive neural networks and their application to ship multidisciplinary design optimization[J]. Journal of Ship Research, 2007,51(4): 297-312.

[18] CRAMER E J,DENNIS J,JOHN E,et al. Problem formulation for multidisciplinary optimization[J]. SIAM Journal on Optimization,1994,4(4): 754-776.

[19] PEREZ R, LIU H, BEHDINAN K. Evaluation of multidisciplinary optimization approaches for aircraft conceptual design[C]. Proceedings of the 10th AIAA/ISSMO Multidisciplinary Analysis and Optimization Conference, Albany, NY, Aug. 30-Sept. 1, 2004,AIAA-2004-4537.

[20] HAFTKA R T. Simultaneous analysis and design[J]. AIAA Journal, 1985, 23 (7): 1099-1103.

[21] SOBIESZCZANSKI-SOBIESKI J. Optimization by decomposition: a step from hierarchic to non-hierarchic systems[C]. Proceedings of the 2nd NASA/Air Force Symposium on Recent Advances in Multidisciplinary Analysis and Optimization, Hampton, Virginia, NASA CP-3013,1988.

[22] SOBIESZCZANSKI-SOBIESKI J,AGTE J S,SANDUSKY R R. Bilevel integrated system synthesis[J]. AIAA Journal,2000,38(1): 164-172.

[23] KIM H M,MICHELENA N F,PAPALAMBROS P Y,et al. Target cascading in optimal system design[J]. Journal of Mechanical Design,2003,125(3): 474-480.

[24] EBRAHIMI M,FARMANI M R,ROSHANIAN J. Multidisciplinary design of a small satellite launch vehicle using particle swarm optimization[J]. Structural and Multidisciplinary Optimization,2011,44(6): 773-784.

[25] BAYLEY D,HARTFIELD R. Design optimization of space launch vehicles for minimum cost using a genetic algorithm[C]. Proceedings of the 43rd AIAA/ASME/SAE/ASEE Joint Propulsion Conference & Exhibit,Cincinnati,OH,July 8-11,2007,AIAA-2007-5852.

[26] RAFIQUE A,ZEESHAN Q,LINSHU H. Conceptual design of small satellite launch vehicle using hybrid optimization[C]. ICNPAA World Congress: Mathematical Problems in Engineering,Aerospace and Sciences,University of Genoa,Italy,June 25-27,2008.

[27] HAJELA P. Nongradient methods in multidisciplinary design optimization-status and potential[J]. Journal of Aircraft,1999,36(1): 255-265.

[28] HAJELA P. Soft computing in multidisciplinary aerospace design-new directions for research[J]. Progress in Aerospace Sciences,2002,38(1): 1-21.

[29] NG T T H,LENG G S B. Application of genetic algorithms to conceptual design of a

micro-air vehicle[J]. Engineering Applications of Artificial Intelligence,2002,15(5): 439-445.

[30] VENTER G,SOBIESZCZANSKI-SOBIESKI J. Multidisciplinary optimization of a transport aircraft wing using particle swarm optimization[J]. Structural and Multidisciplinary Optimization,2004,26(1-2): 121-131.

[31] HART C G,VLAHOPOULOS N. An integrated multidisciplinary particle swarm optimization approach to conceptual ship design[J]. Structural and Multidisciplinary Optimization,2010,41(3): 481-494.

[32] NEUFELD D,CHUNG J,BEHDINAN K. Development of a flexible MDO architecture for aircraft conceptual design[C]. International Conference on Engineering Optimization,Rio de Janeiro,Brazil,June 1-5,2008.

[33] CAMPANA E F,LIUZZI G,LUCIDI S,et al. New global optimization methods for ship design problems[J]. Optimization and Engineering,2009,10(4): 533-555.

[34] KIANI M,GANDIKOTA I,PARRISH A,et al. Surrogate-based optimisation of automotive structures under multiple crash and vibration design criteria[J]. International Journal of Crashworthiness,2013,18(5): 473-482.

[35] BEREND N,BERTRAND S. MDO approach for early design of aerobraking orbital transfer vehicles[J]. Acta Astronautica,2009,65(11-12): 1668-1678.

[36] SALAS A,TOWNSEND J. Framework requirements for MDO application development [C]. Proceedings of the 7th AIAA/USAF/NASA/ISSMO Symposium on Multidisciplinary Analysis and Optimization,St. Louis,MO,Sept. 2-4,1998,AIAA-1998-4740.

[37] GRAY J S,HWANG J T,MARTINS J R R A,et al. OpenMDAO: an open-source framework for multidisciplinary design, analysis, and optimization[J]. Structural and Multidisciplinary Optimization,2019,59(4): 1075-1104.

[38] YANG L L,WANG D Y. Modified collaborative optimization for feasibility problem of final solution[J]. Structural and Multidisciplinary Optimization,2017,56(5): 1109-1123.

[39] JI A,YIN X,YUAN M. Hybrid collaborative optimization based on selection strategy of initial point and adaptive relaxation[J]. Journal of Mechanical Science and Technology,2015,29(9): 3841-3854.

[40] HUANG H,AN H,WU B,et al. A non-nested collaborative optimization method for multidisciplinary design optimization and its application in satellite designs[J]. Proceedings of the Institution of Mechanical Engineers, Part G: Journal of Aerospace Engineering,2016,230(12): 2292-2305.

第 7 章

可靠性优化设计

7.1　可靠性优化设计简介

　　由于材料属性、载荷条件、装配环境等因素的影响，不确定性广泛存在于机械产品的设计、制造、使用及维护过程中。传统的确定性设计优化（deterministic design optimization，DDO）方法不考虑不确定因素，无法保证产品的实际使用性能，而基于安全系数来增强产品的可靠性的方法只能依靠已有的经验、质量控制手段，其安全系数设置具有较大的随意性，难以满足日益复杂的产品设计要求。20世纪 80 年代以来，随着不确定性理论和计算机技术的快速发展，国内外学者逐步提出了在产品设计阶段即考虑多源不确定性影响的基于可靠性的设计优化（reliability-based design optimization，RBDO）理论。RBDO 在充分分析不确定因素的基础上，通过计算产品的失效概率（或可靠度）这一关键指标来衡量当前设计结果是否满足安全设计要求，以确保产品设计优化结果安全可靠且相对经济节能，从而创造更为可观的经济效益，增强产品的社会影响。

7.2　可靠性优化设计方法

　　基于可靠性的设计优化是通过构造概率约束来量化影响产品性能多方面的不确定因素，在保证其失效概率（或可靠度）满足安全指标要求的前提下，针对产品的体积、刚度、模态等特性参数进行优化设计的方法。基于最优化理论，可靠性设计优化的数学模型定义如下：

$$\begin{cases} 求 \quad \boldsymbol{d}, \boldsymbol{\mu}_X \\ \min f(\boldsymbol{d}, \boldsymbol{\mu}_X, \boldsymbol{\mu}_P) \\ \text{s.t. } \text{Prob}[g_c(\boldsymbol{d}, \boldsymbol{X}, \boldsymbol{P}) \leqslant 0] \leqslant P_{f,c}^t, \quad c = 1, 2, \cdots, N_c, \\ \boldsymbol{d}^L \leqslant \boldsymbol{d} \leqslant \boldsymbol{d}^U, \quad \boldsymbol{\mu}_X^L \leqslant \boldsymbol{\mu}_X \leqslant \boldsymbol{\mu}_X^U \end{cases} \quad (7\text{-}1)$$

其中,d 表示确定性设计变量,μ_X 为随机设计变量的均值,d^L 和 d^U、μ_X^L 和 μ_X^U 分别是 d 和 μ_X 的上、下边界。$f(d,\mu_X,\mu_P)$ 为优化问题的目标函数,其中,μ_P 表示随机参数的均值,只参与约束函数的计算,随机参数的分布参数均为已知。$\mathrm{Prob}(g_c(d,X,P)\leqslant 0)\leqslant P_{f,c}^t,c=1,2,\cdots,N_c$ 为可靠性概率约束,其中 $\mathrm{Prob}()$ 表示失效概率算子,$g_c(d,X,P)$ 为产品的功能函数,X,P 分别为随机变量与随机参数,$P_{f,c}^t$ 为预定的失效概率阈值。需要说明的是,当功能函数 $g_c(d,X,P)$ 小于或等于 0 时,即认定发生失效事件,评估失效概率的过程即为可靠性分析。

由式(7-1)可知,基于可靠性的设计优化主要涉及两个层面的问题:①可靠性概率约束计算,即可靠性分析;②可靠性分析与设计优化的耦合。学者们对以上两个问题进行了深入研究,发展了一系列理论与方法,根据可靠性分析方法的差异,可靠性设计优化方法大致分为基于概率解析的可靠性优化设计方法及基于代理模型的可靠性设计优化方法,也可以根据是否包含时变不确定因素(如材料的性能衰减和腐蚀退化、随机动态载荷等)分为时不变可靠性设计优化方法和时变可靠性设计优化方法。当前,时不变可靠性设计优化理论趋于成熟,而针对更为复杂的时变可靠性设计优化方法的研究较少,因此,本章将对时不变可靠性设计优化进行详细介绍,而对时变可靠性设计优化方法只做简单概括。为简便起见,下文称时不变可靠性设计优化方法为可靠性设计优化方法。

7.2.1 基于概率解析的可靠性优化设计

基于概率解析的可靠性优化设计是利用传统的解析方法在当前设计解处进行可靠性分析,并根据可靠性分析结果来构造等效概率约束,在等效概率约束的基础上进行确定性优化,从而得到 RBDO 优化解的过程。根据耦合可靠性分析与设计优化的结构差异,基于概率解析的可靠性优化设计方法大致分为双循环法、单循环法和解耦法。由于双循环法理论成熟,结构简单,下面对该方法进行详细介绍。

双循环法是针对式(7-1)的可靠性设计优化问题的最为直接的一种求解方法,其结构示意图如图 7-1 所示。

由图 7-1 可以看出,双循环法的内层循环为可靠性分析,以计算当前设计点的失效概率是否满足概率约束要求;外层循环为优化环,可根据在每一个迭代设计点获得的可靠性分析结果对设计变量进行优化求解,逐步寻找满足概率约束的最优解。

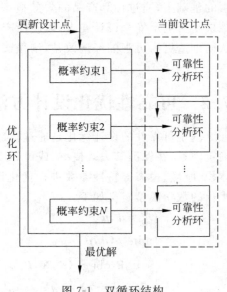

图 7-1 双循环结构

当前,最具有代表性的双循环法为可靠度指标法(reliability index approach,RIA)[1]。RIA 方法内层的可靠性分析环可根据可靠度指标和相关变量的灵敏度信息,将可靠性概率约束转化为可靠度指标约束,外层则利用确定性优化方法来实现精确的设计点更新。下面从 RIA 方法的可靠性分析环入手,对该方法做出详细介绍。首先,将可靠性概率约束函数(如式(7-1))中的原设计变量 $\boldsymbol{X}$ 转换至独立的标准正态 U 空间,通常采用 Rosenblatt 转换实现,即

$$\begin{cases} u_1 = \varPhi^{-1}[F_{X_1}(x_1)] \\ u_2 = \varPhi^{-1}[F_{X_2}(x_2 \mid x_1)] \\ \vdots \\ u_{N_X} = \varPhi^{-1}[F_{X_{N_X}}(x_{N_X} \mid x_1, x_2, \cdots, x_{N_X-1})] \end{cases} \tag{7-2}$$

其中,$\boldsymbol{X} = [x_1, x_2, \cdots, x_{N_X}]$ 为原随机向量,$\boldsymbol{U} = [u_1, u_2, \cdots, u_{N_X}]$ 为变换后的随机向量。$F_{X_1}(x_1)$ 为随机变量 x_1 的累积分布函数,$F_{X_{N_X}}(x_{N_X} \mid x_1, \cdots, x_{N_X-1})$ 表示条件累积分布函数,$\varPhi^{-1}[\ ]$ 为标准正态分布的逆分布函数,N_X 为随机变量的项数。在此独立标准正态分布空间中,定义坐标原点到极限状态曲面的最小距离为可靠度指标(reliability index),该最小距离所对应的随机变量点为最大可能失效点(most probable point,MPP)。可靠度指标的求解可以归结为以下优化问题:

$$\begin{cases} \text{求} \quad U_{\text{MPP}} \\ \min \ \|U_{\text{MPP}}\| \\ \text{s. t.} \ g(U_{\text{MPP}}) = 0 \end{cases} \tag{7-3}$$

其中,U_{MPP} 表示 MPP 点在标准正态空间中的坐标,且有可靠度指标 $\beta(\boldsymbol{d}, \boldsymbol{\mu}_X, \boldsymbol{\mu}_P) = \|U_{\text{MPP}}\|$。该优化问题通常可采用一阶可靠性方法(first order reliability method,FORM)求解,而最为典型的 FORM 方法是基于设计验算点的一阶二次矩方法[2],其计算流程见表 7-1:

表 7-1 基于设计验算点的一阶二次矩方法

基于设计验算点的一阶二次矩法程序实现	
步骤 1	给定初始验算点 $\boldsymbol{U}^* = [u_1^*, \cdots, u_{N_X}^*]$,一般取随机变量的均值点,即 $\boldsymbol{U}^* = \boldsymbol{U}_\mu = [u_1^\mu, \cdots, u_{N_X}^\mu]$
步骤 2	计算当前随机变量 u_i,$i=1, \cdots, N_X$ 的灵敏度系数 $\alpha_{u_i} = -\dfrac{\dfrac{\partial g_U(\boldsymbol{U}^*)}{\partial u_i} \sigma_{u_i}}{\sqrt{\sum\limits_{i=1}^{N_X} \left[\dfrac{\partial g_U(\boldsymbol{U}^*)}{\partial u_i}\right]^2 \sigma_{u_i}^2}}$,其中,$g_U(\ )$ 为转换后的功能函数,σ_{u_i} 为变量 u_i 的标准差

续表

	基于设计验算点的一阶二次矩法程序实现
步骤 3	计算当前迭代步的可靠度指标 $\beta = \dfrac{g_U(\boldsymbol{U}^*) + \sum\limits_{i=1}^{N_X} \dfrac{\partial g_U(\boldsymbol{U}^*)}{\partial u_i}(u_i^\mu - u_i^*)}{\sqrt{\sum\limits_{i=1}^{N_X} \left[\dfrac{\partial g_U(\boldsymbol{U}^*)}{\partial u_i}\right]^2 \sigma_{u_i}^2}}$
步骤 4	确定新的验算点 $\boldsymbol{U}_{\text{new}} = [u_1^{\text{new}}, \cdots, u_{N_X}^{\text{new}}]$，其中 $u_i^{\text{new}} = u_i^\mu + \beta \sigma_{u_i} \alpha_{u_i}$，$i = 1, \cdots, N_X$
步骤 5	判断 $\|\boldsymbol{U}_{\text{new}} - \boldsymbol{U}^*\| \leqslant \varepsilon$ 是否成立，ε 为允许误差。如果成立，转至步骤 6；否则，令 $\boldsymbol{U}^* = \boldsymbol{U}_{\text{new}}$，并转至步骤 2
步骤 6	输出最后一步的可靠度指标、灵敏度系数及验算点

利用 FORM 方法计算所有可靠性概率约束函数（如式（7-1））上的可靠度指标、灵敏度系数及验算点时，在确定最终的可靠度指标、灵敏度系数及验算点后，基于可靠性分析的基本理论[2]，初始设计点处的第 c 个可靠性约束的失效概率可以近似计算为

$$P_{f,c} = \text{Prob}[g_c(\boldsymbol{d}, \boldsymbol{X}, \boldsymbol{P}) \leqslant 0] \cong \Phi(-\beta_c), \quad c = 1, 2, \cdots, N_c \tag{7-4}$$

其中，$\Phi()$ 为标准正态分布函数，β_c 表示可靠度指标。由此，RIA 的可靠性分析环可以被高效解决，在此基础上，可靠性分析环中的可靠性概率约束可转化为可靠度指标约束 $\beta_c(\boldsymbol{d}, \boldsymbol{\mu}_X, \boldsymbol{\mu}_P) \geqslant \beta_c^t$，$c = 1, 2, \cdots, N_c$。因此，基于 RIA 方法的设计优化模型可由式（7-1）改写为

$$\begin{cases} \text{求} \quad \boldsymbol{d}, \boldsymbol{\mu}_X \\ \min f(\boldsymbol{d}, \boldsymbol{\mu}_X, \boldsymbol{\mu}_P) \\ \text{s.t. } \beta_c(\boldsymbol{d}, \boldsymbol{\mu}_X, \boldsymbol{\mu}_P) \geqslant \beta_c^t, \quad c = 1, 2, \cdots, N_c, \\ \quad \boldsymbol{d}^L \leqslant \boldsymbol{d} \leqslant \boldsymbol{d}^U, \quad \boldsymbol{\mu}_X^L \leqslant \boldsymbol{\mu}_X \leqslant \boldsymbol{\mu}_X^U \end{cases} \tag{7-5}$$

当可靠度指标被精确评估时，像式（7-5）的基于 RIA 方法求解的优化问题可通过确定性优化方法获取新的设计更新点。基于图 7-1 所示的双循环迭代更新框架反复进行迭代更新，最终可精确获取设计最优解。

7.2.2 基于代理模型的可靠性优化设计

对于复杂的工程问题，基于概率解析的 RBDO 方法通常需要多次评估功能函数，这往往涉及有限元分析、计算流体动力学等成本昂贵的数值分析，为了提高分析和优化效率，代理模型被广泛使用，以替代计算复杂且耗时的数值分析模型。常用的代理模型包括：响应面（RSM）、径向基函数（RBF）、克里金（Kriging）、人工神经网络（ANN）等。

基于代理模型的可靠性优化设计方法通过对任意功能函数直接构建一个整体

的代理模型,可以大幅提升可靠性分析和优化效率。例如,在 RIA 方法中,可使用代理模型近似替代可靠性概率约束中复杂的功能函数,其失效概率可由蒙特卡洛仿真获取[2],具体的计算公式为

$$P_{f,c} \approx \hat{P}_{f,c} = \frac{1}{N_{mcs}} \sum_{j=1}^{N_{mcs}} I[g_c(\boldsymbol{d}, \boldsymbol{X}, \boldsymbol{P})] \tag{7-6}$$

其中,N_{mcs} 为样本规模,$\hat{P}_{f,c}$ 为基于代理模型所评估的失效概率,$I[g_c(\boldsymbol{d}, \boldsymbol{X}, \boldsymbol{P})]$ 为功能函数 $g_c(\boldsymbol{d}, \boldsymbol{X}, \boldsymbol{P})$ 的指示函数,其具体表达式为

$$I[g_c(\boldsymbol{d}, \boldsymbol{X}, \boldsymbol{P})] = \begin{cases} 1, & g_c(\boldsymbol{d}, \boldsymbol{X}, \boldsymbol{P}) \leqslant 0 \\ 0, & g_c(\boldsymbol{d}, \boldsymbol{X}, \boldsymbol{P}) > 0 \end{cases} \tag{7-7}$$

等效的可靠度指标可表示为

$$\beta_c = \Phi^{-1}(\hat{P}_{f,c}) \tag{7-8}$$

基于式(7-6)～式(7-8),大幅降低了 RIA 内层可靠性分析环的计算成本,虽然其外层优化环维持不变,但代理模型的引入显著了提升 RIA 的计算效率,整体优化框架所需的计算量和计算时间均大幅减少,这在一定程度上提高了该方法在实际工程问题中的适用性。

随着国内外研究的不断深入,代理模型不再仅是机械地与传统 RBDO 方法结合,而是逐渐发展为一类以 RBDO 需求为驱动的、根据 RBDO 过程的历史信息逐步自适应添加新样本的方法,形成了较为成熟的算法框架,即初始化、采样建模和RBDO 过程,其中研究针对可靠性约束函数进行采样建模的方法成为基于代理模型 RBDO 方法研究的重点。本章将简要介绍一类基于约束边界全局建模的RBDO 方法。此类方法基于代理模型和可靠性优化方法的基本原理,认为训练点越集中于约束边界,利用该模型所评估的失效概率越精确。因此,基于约束边界全局建模的 RBDO 方法利用序列采样将样本点集中布置在可行域边界附近,并忽略非边界位置的拟合精度,以期更加高效地提升近似约束边界的精度,确保将精确的可靠性分析结果传递至优化层,显著减少建模时间。其具体的示意图如图 7-2所示。

在该方法的采样建模过程中,最为典型的选取新样本点的方法为约束边界采样(constraint boundary sampling,CBS)方法[3],该方法是在 Kriging 代理模型的基础上发展而来的。借助 Kriging 模型可以同时提供预测均值和预测方差的特性,CBS 的加点准则为

$$\text{CBS}(\boldsymbol{x}) = \begin{cases} \sum_{c=1}^{N_c} \varphi\left(\dfrac{\hat{\mu}_{g_c}(\boldsymbol{x})}{\sigma_{g_c}(\boldsymbol{x})}\right) \times D, & \hat{\mu}_{g_c}(\boldsymbol{x}) \geqslant 0, \forall c \\ 0, & \text{否则} \end{cases} \tag{7-9}$$

其中,$\hat{\mu}_{g_c}(\boldsymbol{x})$ 和 $\sigma_{g_c}(\boldsymbol{x})$ 分别表示 Kriging 模型的预测均值和方差,D 表示样本点 $\boldsymbol{x}$ 与已有样本点之间的最小距离,$\varphi(\ )$ 表示标准正态分布的概率密度函数。通过

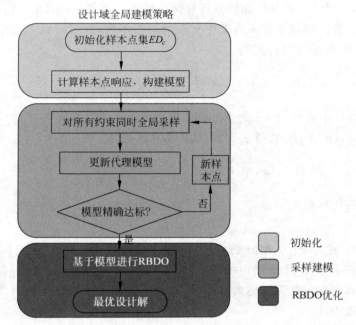

图 7-2 基于约束边界全局建模方法示意图

$\varphi[\hat{\mu}_{g_c}(\boldsymbol{x})/\sigma_{g_c}(\boldsymbol{x})]$ 可自主选择约束边界附近的样本点来更新 Kriging 模型,CBS 值越大说明候选点越符合要求。

7.2.3 时变可靠性优化设计

在实际工程问题中,结构通常面临材料性能衰减、腐蚀退化及随机动态载荷等时变不确定因素,因此发展能够综合考虑时变不确定因素的时变可靠性设计优化方法(time-dependent reliability-based design optimization,TRBDO)具有重要意义。

时变可靠性设计优化方法通常采用随机过程精确模拟时变不确定因素,其数学模型是在传统的可靠性设计优化模型基础上,进一步考虑随机过程和时间变量发展而来的,具体可由式(7-10)给出:

$$
\begin{cases}
\text{求} \quad \boldsymbol{d}, \boldsymbol{\mu}_X \\
\min f(\boldsymbol{d}, \boldsymbol{\mu}_X, \boldsymbol{\mu}_P) \\
\text{s. t. } \mathrm{Prob}(\exists t \in [t_0, t_e]), \quad g_c[\boldsymbol{d}, \boldsymbol{X}, \boldsymbol{P}, \boldsymbol{Y}(t), t \leqslant 0] \leqslant P_{f,c}^t, \\
\quad c = 1, 2, \cdots, N_c, \quad \boldsymbol{d}^{\mathrm{L}} \leqslant \boldsymbol{d} \leqslant \boldsymbol{d}^{\mathrm{U}}, \quad \boldsymbol{\mu}_X^{\mathrm{L}} \leqslant \boldsymbol{\mu}_X \leqslant \boldsymbol{\mu}_X^{\mathrm{U}}
\end{cases}
$$

$$(7\text{-}10)$$

其中,t 为时间变量,$[t_0, t_e]$ 为预定时间区间。$\boldsymbol{Y}(t) = [Y_1(t), \cdots, Y_N(t)]$ 是模拟多源时变不确定因素的随机过程向量,其中 ny 为随机过程项数。任意一个 $Y_i(t)$,$j = 1, \cdots, ny$ 随机过程可由多个独立的随机变量表示,使用最为广泛的方法为展开最优线性估计（expansion optimal linear estimation，EOLE）[4]。对比式（7-10）和式（7-1）可知，TRBDO 与 RBDO 的主要区别在于 TRBDO 的可靠性分析环包含更为复杂的时间嵌套结构，其外层优化框架仍属于传统结构。基于此，现有的研究大多集中于时变可靠性分析领域，下面简要介绍其中最典型的跨越率方法。

在跨越率方法中，首先定义结构的功能函数从安全状态变为失效状态的行为为一次跨越事件（out-crossing event）。在单位时间内，跨越事件发生的平均次数称为跨越率（out-crossing rate）[5]。一般认为，在充分短的时间间隔内，跨越事件多次发生的概率为零，因此瞬时跨越率 $\nu^+(t)$ 可由式（7-11）表示：

$$\nu^+(t) = \lim_{\Delta t \to 0, \Delta t > 0} \frac{\text{Prob}\{N(t, t+\Delta t) = 1\}}{\Delta t} \tag{7-11}$$

其中，$N(t, t+\Delta t)$ 表示在时间段 $[t, t+\Delta t]$ 内跨越事件发生的次数。式（7-11）可以理解为，在充分短的时间间隔内，跨越事件仅发生一次的概率即为 t 时刻的跨越率，因此式（7-11）可改写为

$$\nu^+(t) = \lim_{\Delta t \to 0, \Delta t > 0} \frac{\text{Prob}\{g_c(\boldsymbol{d}, \boldsymbol{X}, \boldsymbol{P}, \boldsymbol{Y}(t), t) > 0 \cap g_c(\boldsymbol{d}, \boldsymbol{X}, \boldsymbol{P}, \boldsymbol{Y}(t+\Delta t), t+\Delta t) \leqslant 0\}}{\Delta t} \tag{7-12}$$

利用典型的时不变可靠性分析方法，例如 7.2.1 节中已经介绍过的 FORM 方法，即基于设计验算点的一阶二次矩方法，t 和 $t+\Delta t$ 时刻的可靠度指标和灵敏度信息可以被有效获取。在此基础上，PHI2 等方法[5]给出了瞬时跨越率的解析表达式：

$$\nu^+(t) = \frac{\|\boldsymbol{\alpha}(t+\Delta t) - \boldsymbol{\alpha}(t)\|}{\Delta t} \varphi(\beta(t)) \Psi\left(\frac{\beta(t+\Delta t) - \beta(t)}{\|\boldsymbol{\alpha}(t+\Delta t) - \boldsymbol{\alpha}(t)\|}\right) \tag{7-13}$$

其中，$\beta(t)$ 和 $\beta(t+\Delta t)$ 分别表示 t 和 $t+\Delta t$ 时刻的可靠度指标，$\boldsymbol{\alpha}(t)$ 和 $\boldsymbol{\alpha}(t+\Delta t)$ 为 t 和 $t+\Delta t$ 时刻的灵敏度系数。$\varphi()$ 为标准正态分布的概率密度函数，函数 $\Psi()$ 的表达式为

$$\Psi(\tau) = \varphi(\tau) - \tau \Phi(-\tau) \tag{7-14}$$

其中，$\Phi()$ 为标准正态分布的分布函数。基于式（7-13），瞬时跨越率可以被精确计算。在假设跨越事件相互独立的前提下，可利用泊松模型将时变失效概率求解转化为瞬时跨越率积分[6]，因此，$[t_0, t_e]$ 时间间隔内的时变失效概率可以表示为

$$P_{f,c}(t_0, t_e) = 1 - (1 - P_{f,c}(t_0, t_0)) \exp\left\{-\int_{t_0}^{t_e} \nu^+(t)\mathrm{d}t\right\} \tag{7-15}$$

由上述推导可知，跨越率法通过时间离散事实上将时变可靠性分析转换为了时不变可靠性分析，使复杂的时间嵌套得到了有效解决。

时变失效概率的有效评估使得像式（7-10）的时变可靠性设计优化模型转化为了像式（7-1）一样的时不变可靠性设计优化模型，这意味着传统的可靠性设计优化方法可适用于该问题的求解，例如 RIA 方法，只需将时变失效概率转换为等效的可靠度指标即可，而梯度信息则可利用差分方法获取。当然，这种机械的结合方式

往往面临着巨大的计算量,因此发展更为高效的时变可靠性设计优化框架具有重要的意义,当前该领域的研究方兴未艾。

7.3 典型应用案例

7.3.1 设计案例描述

拼焊板结构具有生产效率高、成本低及力学性能好等优势,因此被广泛应用于汽车结构的设计与制造。下面以采用拼焊板结构的汽车车门结构优化为例,验证基于可靠性的设计优化方法在实际工程问题中的实用性。如图 7-3 所示,汽车车门的拼焊板结构由 B 柱和内门板组成,其中变量 T_1 为 B 柱上端厚度,T_2 为 B 柱下端厚度,T_3 为内门板右端厚度,T_4 为内门板中间部分厚度,T_5 为内门板左端厚度,H 代表 B 柱焊缝线的高度。

拼焊板车门的结构优化设计首先需要考虑安全性能,通常认为汽车车门遭受时速为 50km/h 的侧碰撞时,B 柱的最大侵入量 d 小于预定极限值 $d_{\max}$ 即为满足要求,本研究设定 $d_{\max}=240\text{mm}$。侧碰撞示意图如图 7-4 所示,实验整车有限元模型由 326078 个单元组成,碰撞块由 68575 个单元组成,采用 LS-DYNA 进行分析,详细的建模过程可参见文献[7]。在此基础上,结构优化设计的目标可确定为拼焊板车门结构重量的大幅度减少,以提升汽车的总体性能。因此,该案例的可靠性设计优化模型可描述为

$$
\begin{cases}
\text{求} \quad \boldsymbol{\mu}=\left[\mu_{T_1},\mu_{T_2},\mu_{T_3},\mu_{T_4},\mu_{T_5},\mu_H\right]^{\mathrm{T}} \\
\min M(\mu_{T_1},\mu_{T_2},\mu_{T_3},\mu_{T_4},\mu_{T_5},\mu_H) \\
\text{s. t. } \mathrm{Prob}(d<d_{\max})\leqslant\Phi(-\beta^t) \\
\quad 0.8\leqslant\mu_{T_1},\quad \mu_{T_2}\leqslant2.5,\quad 0.8\leqslant\mu_{T_3},\mu_{T_5}\leqslant2.0, \\
\quad 0.8\leqslant\mu_{T_4}\leqslant2.0,\quad 0.136\leqslant H\leqslant0.455
\end{cases}
\tag{7-16}
$$

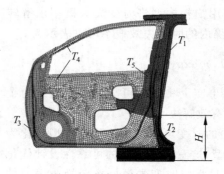

图 7-3 拼焊板结构车门

图 7-4 拼焊板车门侧碰撞示意图

其中,μ_{T_1},μ_{T_2},μ_{T_3},μ_{T_4},μ_{T_5},μ_H 分别表示设计变量 T_1,T_2,T_3,T_4,T_5,H 的均值,其单位均为毫米。设定的可靠度指标 $\beta^t = 2.0$,即失效概率需小于 0.0228。设计变量 T_1,T_2,T_3,T_4,T_5,H 均为正态变量,且 T_1,T_2,T_3,T_4,T_5 服从 $N(\mu_{T_i}, 0.1^2)$,$i = 1,\cdots,5$ 分布,H 服从 $N(\mu_H, 0.2^2)$ 分布。$M(\ )$ 表示拼焊板车门的结构重量函数,采用响应面方法获得的一阶表达式为

$$M = 0.3157 + 2.0861T_1 + 1.5555T_2 + 1.7422T_3 +$$
$$3.8535T_4 + 0.9126T_5 - 0.0003H \tag{7-17}$$

基于此可靠性优化模型,判定其为时不变可靠性优化问题,下面将使用 RIA 方法求解此问题的设计最优解。本问题的初始设计点 $\boldsymbol{\mu}^{(0)} = [T_1^{(0)}, T_2^{(0)}, T_3^{(0)}, T_4^{(0)}, T_5^{(0)}, H^{(0)}]$ 被设定为 $[2.4, 0.8, 0.8, 1.0, 1.0, 4.0]$,RIA 方法的具体实现步骤可参考 7.2.1 节。

7.3.2 优化设计结果

基于 RIA 方法,可靠性优化模型(7-16)可改写为

$$\begin{cases} \text{求} \quad \boldsymbol{\mu} = [\mu_{T_1}, \mu_{T_2}, \mu_{T_3}, \mu_{T_4}, \mu_{T_5}, \mu_H]^{\mathrm{T}} \\ \min M(\mu_{T_1}, \mu_{T_2}, \mu_{T_3}, \mu_{T_4}, \mu_{T_5}, \mu_H) \\ \text{s.t.} \quad \beta \geqslant \beta^t \\ \quad 0.8 \leqslant \mu_{T_1}, \quad \mu_{T_2} \leqslant 2.5, \quad 0.8 \leqslant \mu_{T_3}, \quad \mu_{T_5} \leqslant 2.0, \\ \quad 0.8 \leqslant \mu_{T_4} \leqslant 2.0, \quad 0.136 \leqslant H \leqslant 0.455 \end{cases} \tag{7-18}$$

其中,β 为可靠度指标。随后,经过 7 次迭代计算,以及 2339 次有限元分析计算,得到的最优化结果为 $[2.2682, 0.8, 0.8, 0.8, 1.5431, 4.55]$,相较于初始设计点,优化设计点 μ^* 处的结构重量函数值从 12.7254kg 降至 12.0931kg,减少约 5%。研究表明,汽车重量每减少 10%,其油耗将降低 10%,排放量降低 3%~7%,因此,该优化结果对于汽车的节能减排具有重要意义。同时,该设计的可靠度指标由初始设计点的 1.733 提升至 2.001,可完全满足预设的安全设计指标[8]要求。上述计算结果表明可靠性设计优化方法在实际工程问题中具有广泛的应用前景。

需要指出的是,为了让读者更加快速地掌握 RBDO 的基本原理和方法,本章所介绍的均为最简明基础知识,在实际研究中,为了提高计算效率,减少计算成本,基于代理模型、序列优化等新技术的 RBDO 方法才是当前的研究热点。

参考文献

[1] NIKOLAIDIS E,BURDISSO R. Reliability based optimization:a safety index approach[J]. Computers & Structures,1988,28(6):781-788.

[2]　张明.结构可靠度分析：方法与程序[M].北京：科学出版社,2009.

[3]　LEE T H,JUNG J J,JUNG D H. A sampling technique enhancing accuracy and efficiency of metamodel-based RBDO：constraint boundary sampling[J]. Computers & Structures,2006,86(13-14)：1463-1476.

[4]　LI C,KIUREGHIAN A D. Optimal discretization of random fields [J]. Journal of Engineering Mechanics Asce,1993,119(6)：1136-1154.

[5]　SUDRET B. Analytical derivation of the outcrossing rate in time-variant reliability problems[C]. Advances in Reliability and Optimization of Structural Systems,2006.

[6]　HU Z,DU X. First order reliability method for time-variant problems using series expansions[J]. Structural and Multidisciplinary Optimization,2015,51(1)：1-21.

[7]　FENGXIANG X,GUANGYONG S,GUANGYAO L. Crashworthiness design of multi-component tailor-welded blank （TWB） structures [J]. Structural & Multidisciplinary Optimization,2013,48(3)：653-667.

[8]　李晓科.RBDO 中的高效解耦与局部近似方法研究[D].武汉：华中科技大学,2016.

第 8 章

稳健性优化设计

8.1 稳健性优化设计简介

8.1.1 稳健性优化设计的定义

稳健设计思想由 Taguchi 于 20 世纪 70 年代首次提出，Taguchi 为稳健设计做了大量的基础奠基性工作，并将稳健设计方法推广到各种实际工程问题中。在工程实际问题中，产品的质量受到很多参数不确定性影响，比如制造加工过程中结构几何尺寸、材料的属性（如导热系数、阻尼系数、材料强度等）及外部运行环境等。设计人员选定的参数设计值和实际应用中的真实值往往存在差异。传统的方法是通过提高加工精度、优化加工工艺等方式来减少参数的不确定性，但是这样可能会极大地增加成本。比较可行的方法是尽量减少不确定性对系统的影响，使不确定性对产品性能的影响降至最低。这种设计方法称为稳健设计（或鲁棒设计）。

在产品设计中，一些不确定性的存在会导致产品的性能与实际输出性能不一致，这些不确定性主要来源于产品的设计、制造及使用三个方面。稳健设计将不确定性分为两大类：可控因素和不可控因素。可控因素是指在设计及加工过程中可以人为控制的因素，如零部件的几何尺寸、温度、加工工艺等。不可控因素是难以人为控制并且对产品性能有影响的因素，也称为误差因素，如材料的性能属性。图 8-1 展示了影响产品性能的不确定性示意图。

近年来，考虑不确定性对系统性能敏感性的稳健性优化设计方法，在现代工程设计中引起了相当大的关注[1-10]，已在航空航天[11]、汽车[12,13]、船舶[14]等方面得到了广泛的应用。

8.1.2 稳健性优化设计的内容

确定性设计优化与稳健性优化设计之间的比较如图 8-2 所示。通过确定性设计优化获得最优解 A，它的目标函数值是最优的，但其目标函数也表现出较大的分

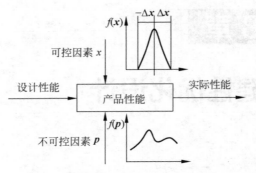

图 8-1　影响产品性能的不确定性示意图

散性。也就是说,当设计参数存在一定的不确定性时,目标函数可能会扩散到不可行域,从而导致产品功能失效。与之相反,稳健性优化设计获得的最优解 B 虽然不如 A,但考虑不确定性后,B 的目标函数变化很小,对不确定性的灵敏度低,即稳健性更好。

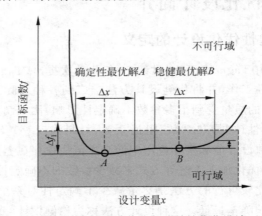

图 8-2　确定性设计优化与稳健性优化设计

从不同的研究视角出发,稳健设计可以分为不同的种类。从稳健性优化设计涉及的内容来看,稳健性优化设计可以分为目标函数的稳健性及约束的稳健可行性两个方面。目标函数的稳健性是研究如何减少不确定性对目标函数的波动。约束的稳健可行性研究的是保证约束在不确定性影响下,其变化范围仍在可行域内。

8.1.3　稳健性优化设计的步骤

一般来说稳健性优化设计包含以下几个主要步骤:

(1) 对产品进行分析,规定目标函数。目标函数可以是单个,也可以是多个。对于多个目标函数可以通过权重法或者多目标设计优化方法来处理。这些目标函数一般能够表示成参数和变量的相应函数形式。如果目标函数无法显式化,一般的处理方式是通过代理模型来近似表达。

(2) 确定影响产品性能的不确定性类型、个数,建立产品质量特性与不确定性之间关系的数学模型或表达式。

（3）确定稳健性优化设计的类型及方法，比如考虑均值标准差模型的 $3\sigma/6\sigma$ 方法、极差分析法（最大变差分析法）等。

（4）获得稳健性优化设计的最优解，得到产品的稳健设计方案。稳健性优化设计的目的是在获得满足产品性能需要的同时保证其性能波动相对较小。

8.2　稳健性优化设计方法

8.2.1　均值方差法

通过均值和方差方法来构建稳健设计优化模型，其数学模型表示为

$$
\begin{cases}
\min \mu_f(\boldsymbol{x},\boldsymbol{p}) + k\sigma_f(\boldsymbol{x},\boldsymbol{p}) \\
\text{s.t. } \mu_g(\boldsymbol{x},\boldsymbol{p}) + k\sigma_g(\boldsymbol{x},\boldsymbol{p}) \leqslant 0 \\
\quad |\mu_h(\boldsymbol{x},\boldsymbol{p}) + k\sigma_h(\boldsymbol{x},\boldsymbol{p})| \leqslant \varepsilon_h
\end{cases}
\tag{8-1}
$$

其中，$\boldsymbol{x}$ 是设计变量向量，$\boldsymbol{p}$ 是设计参数向量。μ_f 和 σ_f 分别表示目标函数考虑不确定性的均值和标准差。μ_g 和 σ_g 分别表示不等式约束条件考虑不确定性的均值和标准差。μ_h 和 σ_h 分别表示等式约束条件考虑不确定性的均值和标准差。ε_h 为设计者给定的等式约束变化的阈值。均值和方差的计算方法主要有泰勒级数展开法和 MCS 法。泰勒级数展开法计算效率高，但是对非线性程度高的问题计算精度较低。MCS 法的精度依赖于样本点的数目，如果采样点太多，优化效率较低。k 一般取 3～6。均值方差法一方面使目标值尽可能地小，另一方面也希望最小化不确定性所引起的性能波动，使产品性能特性的"钟形"分布尽可能地"瘦小"，从而提高产品质量。

8.2.2　极差分析法

极差分析法又称为最大变差分析法，其主要思想可以概括为：目标函数遭遇不确定性后，它的变化范围始终在可接受的范围内。约束遭遇不确定性后，它的波动范围始终在可行域内。

下面将具体介绍极差分析法中目标函数的稳健性和约束的稳健可行性表达形式。

1. 目标函数的稳健性

一般的单目标优化问题可以表示为

$$
\begin{cases}
\min f(\boldsymbol{x},\boldsymbol{p}) \\
\text{s.t. } \boldsymbol{g}(\boldsymbol{x},\boldsymbol{p}) \leqslant 0 \\
\quad \boldsymbol{h}(\boldsymbol{x},\boldsymbol{p}) = 0
\end{cases}
\tag{8-2}
$$

其中,g 是不等式约束向量,h 是等式约束向量。需要注意的是 x 和 p 同时包含不确定性。

目标函数的稳健性是指为了获得一个设计方案,在受到不确定性影响后其变化范围尽量小。对于一个初始设计方案(x_0,p_0),考虑到不确定性,目标函数的变差为

$$\Delta f = f(x,p) - f(x_0,p_0) \tag{8-3}$$

其中,Δf 是目标函数的变化量,$f(x_0,p_0)$ 为目标函数的名义值。Δf 随着不确定性的波动而变化,当设计方案确定后,Δf 的值是不确定的,但是总能找到目标函数在不确定域内变化的最大值。目标函数的稳健性是要让目标函数受不确定性引起的影响最小。但实际上设计者往往只需要一个满足需求的最优设计,并不需要得到目标函数的最稳健设计,因此,目标函数的稳健性可以转化为原优化问题的约束条件:

$$\max\{|\Delta f(x_0,\tilde{p})|\} \leqslant \varepsilon_f \tag{8-4}$$

其中,ε_f 为目标函数的最大变差上限,也是由设计人员根据设计需要给定的。

2. 约束的稳健可行性

如果一个初始设计方案(x_0,p_0)已经确定。考虑到不确定性后,对于不等式约束函数的变化量可以表示为

$$\Delta g = g(x,p) - g(x_0,p_0) \tag{8-5}$$

其中,Δg 是不等式约束的变化量;$g(x,p)$是一个可变约束,它的值随着不确定的大小而变化;$g(x_0,p_0)$为不等式约束的名义值。为了保证约束的稳健可行性,我们在不确定域内计算 Δg 的最大值。式(8-5)可以改写为

$$g(x,p) + \max\{\Delta g\} \leqslant 0 \tag{8-6}$$

考虑到不确定性后,等式约束就不可能满足。一个可行的方法就是让等式约束的变化尽可能小。等式约束的变化量可表示为

$$\Delta h = h(x,p) - h(x_0,p_0) \tag{8-7}$$

其中,Δh 是等式约束的变化量;$h(x_0,p_0)$为等式约束的名义值。在工程应用中,对于等式约束,我们不一定要求等式约束的变差最小,更常用的是我们需要等式约束的变差在一个给定范围内。式(8-7)可以变化为

$$\max\{|\Delta h|\} \leqslant \varepsilon_h \tag{8-8}$$

其中,ε_h 为等式约束最大变差上限,一般由设计人员根据设计经验给定。

在上述目标函数稳健性和约束条件稳健可行性的基础上,极差分析法的稳健设计优化模型表述为

$$\begin{cases} \min f(x,p) \\ \text{s.t. } g(x,p) + \Delta g \leqslant 0 \\ \quad\quad \Delta h \leqslant \varepsilon_h \\ \quad\quad \Delta f \leqslant \varepsilon_f \end{cases} \tag{8-9}$$

其中,f 是目标函数,g 是不等式约束向量。需要注意的是式(8-9)中 Δg 和 Δh 分

别代表不等式约束和等式约束的最大变化向量,Δf 代表目标函数的最大变化值。Δg、Δh 和 Δf 由式(8-10)计算:

$$\begin{cases} \Delta f = \max\{|\ f(\boldsymbol{x},\boldsymbol{p}) - f(\boldsymbol{x}_0,\boldsymbol{p}_0)|\} \\ \Delta \boldsymbol{g} = \max\{\boldsymbol{g}(\boldsymbol{x},\boldsymbol{p}) - \boldsymbol{g}(\boldsymbol{x}_0,\boldsymbol{p}_0)\} \\ \Delta \boldsymbol{h} = \max\{|\ \boldsymbol{h}(\boldsymbol{x},\boldsymbol{p}) - \boldsymbol{h}(\boldsymbol{x}_0,\boldsymbol{p}_0)|\} \end{cases} \quad (8\text{-}10)$$

式(8-10)实际上是无约束优化问题,可以通过梯度的方法或者智能算法,如 GA 和 SA 等获得最大变差值。其中,ε_h 和 ε_f 不能任意设置,如果取值过大,这意味着等式约束和目标函数可以在很大范围内任意波动,使稳健性设计失去其原有的意义;如果设置过小,很可能没有解决方案,也就是说,任何解决设计方案或目标函数方程的变化都大于设置值,因此设置一个合理的阈值是非常重要的。

图 8-3 给出了基于极差分析的稳健性优化设计模型,它是一个内外嵌套优化框架,外层优化(上框图)是一个传统的优化问题,内层优化(下框图)是一个无约束优化问题,用来求解目标函数和约束条件的最大变差。极差分析法的优势在于能保证系统遭遇到最坏的情况仍然是稳健的,提高了系统应对外界复杂不确定工况的能力。

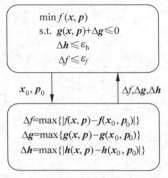

图 8-3 基于最大变差分析的稳健性优化设计

8.3 典型应用案例

8.3.1 设计案例描述

图 8-4 展示了焊接梁示意图。焊接梁的目标函数是为了使整个焊接梁的造价最小[15-17]。约束条件包括焊接中的剪切应力(τ)、梁中的弯曲应力(σ)、杆上的屈曲载荷(P)和梁的挠度(δ)。设计变量(参见图 8-4)为焊缝的高度(h)和长度(l),焊接梁部分的横截面尺寸 b 和 t,即 $\boldsymbol{x} = [x_1, x_2, x_3, x_4]^\mathrm{T} = [h, l, t, b]^\mathrm{T}$。

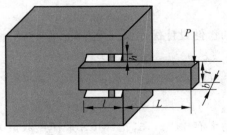

图 8-4 焊接梁示意图

目标函数为

$$f = (1 + c_1)x_1^2 x_2 + c_2 x_3 x_4 (L + x_2) \tag{8-11}$$

约束条件为

$$
\begin{cases}
g_1 = \tau(\boldsymbol{x}) - \tau_{\max} \leqslant 0 \\
g_2 = \sigma(\boldsymbol{x}) - \sigma_{\max} \leqslant 0 \\
g_3 = x_1 - x_4 \leqslant 0 \\
g_4 = c_1 x_1^2 + c_2 x_3 x_4 (L + x_2) - 5 \leqslant 0 \\
g_5 = 0.125 - x_1 \leqslant 0 \\
g_6 = \delta(\boldsymbol{x}) - \delta_{\max} \leqslant 0 \\
g_7 = P - P_c(\boldsymbol{x}) \leqslant 0 \\
x_1 \geqslant 0.1, \quad x_4 \leqslant 2; \quad x_2 \geqslant 0.1, \quad x_3 \leqslant 10.0
\end{cases}
\tag{8-12}
$$

其中,

$$
\begin{cases}
\tau = \sqrt{\tau'^2 + 2\tau'\tau'' x_2/(2R) + \tau''^2} \\
\tau' = P/(\sqrt{2}\, x_1 x_2) \\
\tau'' = MR/J \\
M = P(L + 0.5x_2) \\
R = \sqrt{0.25 x_2^2 + 0.25(x_1 + x_3)^2} \\
J = (x_1 x_2/\sqrt{2})[x_2^2/12 + 0.25(x_1 + x_3)^2] \\
\sigma = 6PL/(x_4 x_3^2) \\
\delta = 4PL^3/(E x_4 x_3^3) \\
P_c = \dfrac{4.013\sqrt{EG x_3^6 x_4^6/36}}{L^2}\left(1 - \dfrac{x_3}{2L}\sqrt{E/4G}\right)
\end{cases}
\tag{8-13}
$$

其中,$c_1 = c_2 = 0.10471, L = 14, P = 6000, \tau_{\max} = 13600, \sigma_{\max} = 30000, \delta_{\max} = 0.25, E = 3 \times 10^7, G = 12 \times 10^6$。其中参数 c_1 和 L 包含不确定性,不确定大小为 $[\Delta c_1, \Delta L] = [\pm 0.05, \pm 0.25]$。目标函数的最大变化阈值设置为 0.04。

1. 均值方差法

均值方差法构建的稳健设计优化模型为

$$
\begin{cases}
\min \ \mu_f(\boldsymbol{x}, \boldsymbol{p}) + 3\sigma_f(\boldsymbol{x}, \boldsymbol{p}) \\
\text{s. t. } \mu_{g_i}(\boldsymbol{x}, \boldsymbol{p}) + 3\sigma_{g_i}(\boldsymbol{x}, \boldsymbol{p}) \leqslant 0, \quad i = 1, 2, 4, 6, 7 \\
\qquad g_j(\boldsymbol{x}, \boldsymbol{p}) \leqslant 0, \quad j = 3, 5
\end{cases}
\tag{8-14}
$$

涉及不确定性的约束有 1,2,4,6,7。MCS 采样点数量为 100000,为减小随机计算误差,取计算 5 次的平均值。

2. 极差分析法

在极差分析法中,考虑了三种稳健设计优化模型:

(1) 只考虑目标函数的稳健性,优化模型如图 8-5 所示。

(2) 只考虑约束的稳健可行性,优化模型如图 8-6 所示。

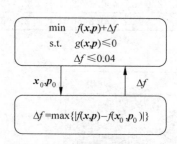

图 8-5　只考虑目标函数的稳健性

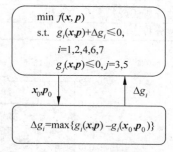

图 8-6　只考虑约束的稳健可行性

(3) 同时考虑目标函数的稳健性和约束的稳健可行性,优化模型如图 8-7 所示。

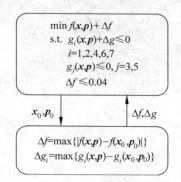

图 8-7　同时考虑目标函数的稳健性和约束的稳健可行性

8.3.2　优化设计结果

焊接梁的优化结果见表 8-1。同时为了验证优化结果的目标函数的稳健性及约束的稳健可行性,在不确定域内随机产生 1000 组样本,把这些样本代入目标函数及约束中进行计算,其结果如图 8-8~图 8-13 所示。由图 8-8 可以看出,当存在不确定性时,虽然确定性优化的目标值最小,但是 g_1、g_2、g_7 都违反约束稳健可行性要求。在均值方差法中,所有不确定约束满足稳健可行性要求。在极差分析法(1)中,由于仅考虑了目标函数的稳健性,导致 g_1、g_2、g_7 都违反约束稳健可行性要求。在极差分析法(2)、(3)中,由于考虑了约束稳健可行性,这两种方法都没有违反约束,由此验证了所提方法的有效性。由图 8-8 还可以看出,确定性优化、均值方差法及极差分析法(2)的目标变化量有部分超过了设计者给定的阈值。这是因为上述三种优化模型没有考虑目标函数的稳健性。

表 8-1   焊接梁的稳健性设计优化结果

优 化 方 法	h	l	t	b	f
确定性优化	0.2444	6.2175	8.2915	0.2444	2.3810
均值方差法	0.2438	6.4464	8.4889	0.2457	2.4754
极差分析法(1)	0.1848	9.1547	8.2915	0.2444	2.6024
极差分析法(2)	0.2466	6.2109	8.3276	0.2466	2.4138
极差分析法(3)	0.1763	9.8426	8.3276	0.2466	2.6935

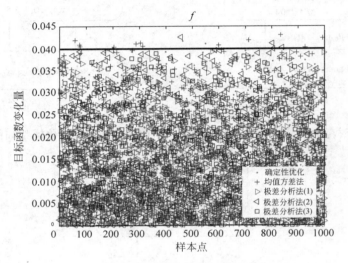

图 8-8   目标函数的变化量

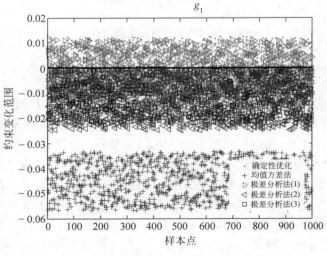

图 8-9   约束 g_1 的变化范围

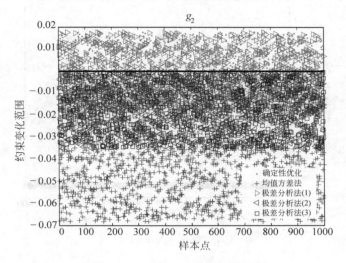

图 8-10　约束 g_2 的变化范围

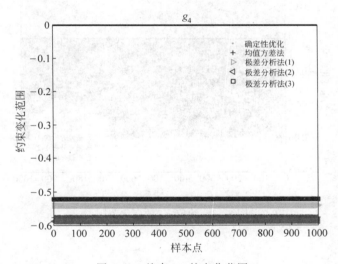

图 8-11　约束 g_4 的变化范围

此外,对比三种极差分析法可以看出,考虑目标函数的稳健性求得的稳健解对目标函数值的"牺牲"较大。因此,在实际的工程问题中,可以根据实际需要来考虑稳健性指标。比如只考虑目标函数的稳健性或者只考虑约束的稳健可行性。

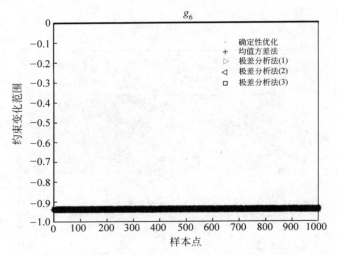

图 8-12　约束 g_6 的变化范围

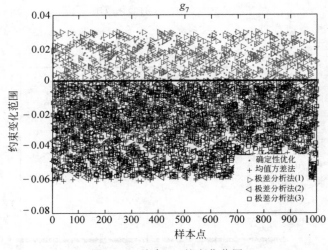

图 8-13　约束 g_7 的变化范围

参考文献

[1] JIN R，DU X，CHEN W. The use of metamodeling techniques for optimization under uncertainty[J]. Structural and Multidisciplinary Optimization，2003，25(2)：99-116.

[2] ZANG C，FRISWELL M I，MOTTERSHEAD J E. A review of robust optimal design and its application in dynamics[J]. Computers & Structures，2005，83(4-5)：315-326.

[3] BEYER H G，SENDHOFF B. Robust optimization-a comprehensive survey[J]. Computer Methods in Applied Mechanics and Engineering，2007，196(33-34)：3190-3218.

[4] 程贤福. 稳健优化设计的研究现状及发展趋势[J]. 机械设计与制造，2005，(8)：158-160.

［5］　崔玉莲,吴纬.稳健设计综述［J］.质量与可靠性,2010,（4）：10-13.

［6］　杜茂华,王军华,张建飞,等.高速铣合金铸铁实验结果的稳健设计优化分析［J］.中国机械工程,2019,30（5）：554-559.

［7］　吴佳伟,宋华明,万良琪,等.基于熵权-广义线性模型与满意度的柔顺精密产品非正态质量特性稳健设计［J］.计算机集成制造系统,2019,25（11）：2913-2922.

［8］　谭昌柏,袁军,周来水.基于宽容分层序列法的飞机装配公差稳健设计技术［J］.中国机械工程,2012,23（24）：2962-2967.

［9］　李冬琴,戴晶晶,李国焕,等.基于区间分析方法的船舶不确定稳健设计优化［J］.船舶工程,2018,40（7）：14-19.

［10］　许焕卫,李沐峰,王鑫,等.基于灵敏度分析的区间不确定性稳健设计［J］.中国机械工程,2019,30（13）：1545-1551.

［11］　ALEXANDROY N M,LEWIS R M. Analytical and computational aspects of collaborative optimization for multidisciplinary design［J］. AIAA Journal,2002,40（2）：301-309.

［12］　MCALLISTER C D,SIMPSON T W. Multidisciplinary robust design optimization of an internal combustion engine［J］. Journal of Mechanical Design,2003,125（1）：124-130.

［13］　HWANG K H,LEE K W,PARK G J. Robust optimization of an automobile rearview mirror for vibration reduction［J］. Structural and Multidisciplinary Optimization,2001,21（4）：300-308.

［14］　DIEZ M,PENI D. Robust optimization for ship conceptual design［J］. Ocean Engineering,2010,37（11-12）：966-977.

［15］　XIONG Y,RAO S S. Fuzzy nonlinear programming for mixed-discrete design optimization through hybrid genetic algorithm［J］. Fuzzy Sets and Systems,2004,146（2）：167-186.

［16］　许焕卫.稳健设计建模及优化方法研究［D］.大连：大连理工大学,2009.

［17］　李伟.考虑参数和模型不确定性的多学科稳健设计优化方法研究［D］.武汉：华中科技大学,2020.